U0189871

中国海洋大学教材建设基金资助

港口航道与海岸工程
环境影响和分析

王智峰　董　胜　编著

中国海洋大学出版社
·青岛·

图书在版编目(CIP)数据

港口航道与海岸工程环境影响和分析 / 王智峰,董
胜编著. —青岛:中国海洋大学出版社,2021.5
ISBN 978-7-5670-2830-2

Ⅰ.①港… Ⅱ.①王…②董… Ⅲ.①港口工程—环
境影响—研究②航道工程—环境影响—研究③海岸工程—
环境影响—研究 Ⅳ.①U6②P753

中国版本图书馆 CIP 数据核字(2021)第 102985 号

出版发行	中国海洋大学出版社			
社 址	青岛市香港东路 23 号		**邮政编码**	266071
出 版 人	杨立敏			
网 址	http://pub.ouc.edu.cn			
电子信箱	coupljz@126.com			
订购电话	0532—82032573(传真)			
责任编辑	李建筑		**电 话**	0532—85902505
印 制	青岛国彩印刷股份有限公司			
版 次	2021 年 6 月第 1 版			
印 次	2021 年 6 月第 1 次印刷			
成品尺寸	170 mm×240 mm			
印 张	16			
字 数	278 千			
印 数	1～1000			
定 价	38.00 元			

发现印装质量问题,请致电 0532—58700168,由印刷厂负责调换。

前　言

环境影响评价是一种科学的方法和严格的管理制度,作为一个完整体系,应包括健全的环境影响评价管理制度,实用完善的环境影响评价技术导则、评价标准和评价方法研究成果,高素质的为环境影响评价提供技术服务的机构和人员队伍。我国的环境影响评价经过多年的发展,已基本具备了上述条件,有多部法律规范环境影响评价,并制定了专门的环境影响评价法;有配套的规范环境影响评价的国务院行政法规;有涉及有关区域、行业环境影响评价的部门规章和地方发布的法规规章,初步形成了我国环境影响评价制度体系。同时,建设项目对环境的影响千差万别,不仅不同的行业、不同的产品、不同的规模、不同的工艺、不同的原材料产生的污染物种类和数量不同,对环境的影响不同,而且即使是相同的企业处于不同的地点、不同的区域,对环境的影响也不一样。

本书面向港口航道与海岸工程专业本科生教学,以期培养具有人文社会科学素养、社会责任感,能够在工程实践中理解并遵守工程职业道德和规范的卓越工程师人才。使之能够基于港口航道与海岸工程相关背景知识进行合理分析,评价港口航道与海岸工程对社会、健康、安全、法律以及文化的影响,并理解应承担的责任;在港口规划设计环节中体现创新意识,考虑社会、健康、安全、法律、文化以及环境等因素;正确认识港口航道与海岸工程行业与环境保护的关系,理解复杂工程问题的工程实践对环境、社会可持续发展的影响。

全书共分 10 章,包括绪论、法律法规、工程分析、大气环境影响与评价、声环境影响与评价、地表水环境影响与评价、生态环境影响与评价、环境风险评价、环境保护措施、环境损益分析、环境管理与海洋环境监测等内容。本书第一、二、四、五、七、九、十章,第三章的第二至六节,第六章的第一、二、五、六、九、十节,第八章的第一至三、六节由王智峰执笔;第三章的第一节,第六章的第三、四、七、八节,第八章的第四、五节由王智峰和董胜共同执笔。全书由王智峰统稿、定稿。

在本书的编写过程中,作者得到中国海洋大学工程学院同事们的鼓励与支持;博士研究生巩艺杰,硕士研究生江东、李松涛、曹贤东、褚思琪、柏根、蓝天、王梦珂、陈浩民、贾永康、江飞飞、范顺涛、吕鹏、刘超完成了部分初稿的文字录入、部分编程和绘图工作,在此表示衷心的感谢。在成书的过程中,作者参阅了其他学者的论著,已列入书后的"参考文献",在此对这些作者一并表示感谢。同时,也要感谢中国海洋大学教务处等有关部门对本书编撰工作的大力支持,还要感谢国家自然科学基金-山东省联合基金(U1706226)、国家重点研发计划(2016YFC1401103)、国家自然科学基金(51779236)、中国海洋大学教材建设基金重点项目(2020ZDJC09)和教材出版补贴基金(2021CBJC05)对本书出版的资助。

本书可作为海洋、水利、环境、土木等专业本科生的教材,亦可作为相关专业科研与工程技术人员的参考书。

环境影响评价的标准、法规、技术导则等更新很快,涉及的内容又十分广泛,加之作者水平有限,书中难免存在不足之处,敬请读者批评指正。

作 者

2021 年 3 月

目 录

第一章　概　论

第一节　环境影响评价基本概念与原则

一、环境和环境影响评价基本概念

1. 环境的定义

环境是指围绕着人群的空间以及其中可以直接、间接影响人类生活和发展的各种自然因素和社会因素的总体，是指人类以外的整个外部世界。

《中华人民共和国环境保护法》规定了环境的定义，环境"是指影响人类生存和发展的各种天然的和经过人工改造的自然因素的总体，包括大气、水、海洋、土地、矿藏、森林、草原、湿地、野生生物、自然遗迹、人文遗迹、自然保护区、风景名胜区、城市和乡村等"。

在其他相关的环境保护法规中，有时把环境中应当保护的对象或环境要素等称为环境，但环境不仅限于这些内容。

2. 环境要素

环境要素指构成环境整体的各个独立的、性质各异而又服从总体演化规律的基本物质组成，也叫环境基质，可分为自然环境要素和社会环境要素，通常是指水、大气、声与振动、生物、土壤、岩石、日照、放射性、电磁辐射、人群健康等。

3. 环境的功能

环境是一个复杂的系统，是人类生存和发展的物质基础。环境为人类的生存提供了必要的物质条件和活动空间，为人类社会经济发展提供了各种自然资源，为人类社会经济活动所产生的废物提供了弃置消纳的场所。人类对环境系统干扰作用必须限制在一定的范围之内。否则，环境系统的功能就会受到破坏，从而形成各种各样的环境问题。

4. 环境质量

环境质量是环境状态品质优劣（程度）的表示，是在某具体的环境中，环境总体或其中某些要素对人群健康、生存和繁衍以及社会经济发展适宜程度的量化表达，是因人对环境的具体要求而形成的评定环境的一种概念。

5. 环境容量

环境容量是衡量和表现环境系统、结构、状态相对稳定性的概念。它是指在一定行政区域内，为达到环境目标值，在特定的产业结构和污染源分布条件下，根据该区域的自然净化能力，所能承受的污染物最大排放量。也就是说，是指在满足人类生存和发展的需要，同时，环境容量保护该区域生态系统不受危害的前提下，某一环境要素中某种污染物的最大容纳量。

环境容量是一个变量，因地域的不同、时期的不同、环境要素的不同以及对环境质量要求的不同而不同。某区域环境容量的大小，与该区域本身的组成、结构及其功能有关。

环境容量按环境要素，可细分为大气环境容量、水环境容量、土壤环境容量和生物环境容量等。此外，还有人口环境容量、城市环境容量等。

6. 环境影响

环境影响是指人类活动导致的环境变化以及由此引起的对人类社会的效应。环境影响概念包括人类活动对环境的作用和环境能够对人类的反作用两个层次。

环境影响可按如下方面分类：

（1）按影响来源可分为直接影响和间接影响。

（2）按影响效果可分为有利影响和不利影响。

（3）按影响性质可分为可恢复影响和不可恢复影响。

另外，还可以将环境影响分为短期影响和长期影响，暂时影响和连续影响，地方、区域、国家和全球影响，建设阶段影响和运行阶段影响，单个影响和综合影响等。

7. 累积影响

累积影响是指当一种活动的影响与过去、现在及将来可预见活动的影响叠加时，造成环境影响的后果。

8. 环境影响评价

《中华人民共和国环境影响评价法》规定，环境影响评价是指对规划和建设项目实施后可能造成的环境影响进行分析、预测和评估,提出预防或者减轻不良环境影响的对策和措施,进行跟踪监测的方法与制度。

二、环境影响评价的原则

突出环境影响评价的源头预防作用,坚持保护和改善环境质量。

1. 依法评价

贯彻执行我国环境保护相关法律、法规、标准、政策和规划等,优化项目建设,服务环境管理。

2. 科学评价

规范环境影响评价方法,科学分析项目建设对环境质量的影响。

3. 突出重点

根据建设项目的工程内容及其特点,明确与环境要素间的作用效应关系,根据规划环境影响评价结论和审查意见,充分利用符合时效的数据资料及成果,对建设项目主要环境影响予以重点分析和评价。

第二节 国内外环境影响评价的发展

一、环境影响评价在国外的发展和特点

1. 环境影响评价的由来

美国是世界上第一个把环境影响评价用法律固定下来并建立环境影响评价制度的国家。1969 年美国国会通过的《国家环境政策法》明文规定:在对人类环境质量具有重大影响的每项生态建议或立法建议报告和其他重大联邦行动中,均应由提出建议的机构向相关主管部门提供一份详细报告,说明拟议中的行动将会对环境和自然资源产生的影响、采取的相应减缓措施以及替代方案等,这是环境影响评价制度的开始。

美国建立环境影响评价制度后,瑞典、新西兰、加拿大、澳大利亚、马来西亚、德国、印度、菲律宾、泰国、中国、印度尼西亚、斯里兰卡等国家在 20 世纪 70 年代先后建立了环境影响评价制度。经过 50 多年的发展,已有 100 多个国家建立了环境影响评价制度。环境影响评价的内涵也不断得到提高:从对自然环

境的影响评价发展到社会环境的影响评价,其中自然环境的影响不仅考虑环境污染,还注重其对生态系统的影响。此外,各国还逐步开展了环境风险评价、区域建设项目的累积性影响评价。近十多年来,环境影响后评价也成为很多研究者的兴趣,并逐步推广到大的建设项目中。

环境影响评价的对象从最初单纯的工程建设项目,发展到区域开发环境影响和战略环境,环境影响评价的技术方法和程序也在发展中不断得以完善。

2. 国外环境影响评价的发展

一个工程项目的取舍往往由经济、技术、管理、组织、商业与财政这六方面来决定,特别是从经济角度,根据利润、成本分析来取消那些效率低、成本高的项目。因此,有人认为环境问题虽然重要,但过于重视会影响资源开发、影响现实社会的需求,是本末倒置。但工业发达国家已有因经济发展带来环境污染而危害人类自身的历史教训,所以环境影响评价作为一种监督因素,已成为考虑项目取舍的第七个方面,以控制不利于环境的经济增长。

国外环境影响评价归纳起来主要有以下几个方面:

(1)社会环境影响评价。社会环境影响评价包括建设项目引起的对一个地区的社会组成结构、人际关系、社区关系、经济发展、文化教育、娱乐活动、服务设施、文物古迹及美学等方面的影响,这些影响是建设项目引起的土地利用变化、人口的增加以及就业趋势的转变等的间接后果,常常是环境影响的实质性问题。

(2)生态环境影响评价。生态环境影响评价的内容涉及生态系统的种群组成及生态系统的功能和结构等问题。经济建设项目引起的任何环境条件变化会影响生物群落内居住在一起的生物种群的组合,从而改变其生态系统结构及其功能,经常涉及建设项目周围地区自然资源的破坏以及生态系统生产力水平降低。

(3)景观影响评价研究。景观影响评价研究的内容一般包括建立物理模型、计算景观价值指数、发展视觉模型(包括视线分析、无视线分析、计算机扫描)等。目前国内外十分重视这方面的研究。

(4)环境风险评价。20世纪80年代首先在加拿大兴起了有关环境风险评价研究,它的主要目标:一是确定应该控制的污染风险重点,二是对确定的重点选择恰当的减少风险的措施。国外重视环境风险评价中的不确定性分析、研究环境污染与人体健康的关系,尽可能减少不确定性。

(5)环境影响综合评价及环境经济分析。环境影响综合评价是在对建设项目进行单项的环境预测与分析之后,从总体上对这些相关领域的分析进行综合研究,是国外正在迅速发展的领域,方法主要有判别法、叠置法、列表法、矩阵法及网络法等类型,在建设项目环境影响综合评价基础上进行环境经济分析,是由环境影响评价过渡到最后决策的重要步骤。

二、我国环境影响评价的发展沿革

1. 引入和确立阶段

1973 年第一次全国环境保护会议后,我国环境保护工作全面起步。1974—1976 年开展了"北京西郊环境质量评价研究"和"官厅水系水源保护研究"工作,开始了环境质量评价及其方法的研究和探索。在此基础上,1977 年,中国科学院召开"区域环境保护学术交流研讨会议",进一步推动了大中城市的环境质量现状评价和重要水域的环境质量现状评价。

1978 年 12 月 31 日,中发〔1978〕79 号文件批转的国务院环境保护领导小组《环境保护工作汇报要点》中,首次提出了环境影响评价的意向。1979 年 4 月,国务院环境保护领导小组在《关于全国环境保护工作会议情况的报告》中,把环境影响评价作为一项方针政策再次提出。1979 年 5 月,国家计委、国家建委〔79〕建发设字 280 号文《关于做好基本建设前期工作的通知》中,明确要求建设项目要进行环境影响预评价。

1979 年 9 月,《中华人民共和国环境保护法(试行)》颁布,规定:一切企业、事业单位的选址、设计、建设和生产,都必须注意防止对环境的污染和破坏。在进行新建、改建和扩建工程中,必须提出环境影响报告书,经环境保护主管部门和其他有关部门审查批准后才能进行设计。

从此,我国的环境影响评价制度正式确立。

2. 规范和建设阶段

环境影响评价制度确立后,相继颁布的各项环境保护法律、法规和部门行政规章,不断对环境影响评价进行规范。

1981 年,国家计委、国家经委、国家建委、国务院环境保护领导小组联合颁布的《基本建设项目环境保护管理办法》,明确把环境影响评价制度纳入基本建设项目审批程序中。1986 年国家计委、国家经委、国务院环境保护委员会联合颁布的《建设项目环境保护管理办法》中,对建设项目环境影响评价的范围、内容、审批和环境影响报告书(表)的编制格式都作了明确规定,促进了环境影响评价制度的有效执行。1986 年,国家环境保护局颁布《建设项目环境影响评价证书管理办法(试行)》,在我国开始实行环境影响评价单位的资质管理。同期,环境影响评价的技术方法也进行了不断探索和完善。

1982年颁布的《中华人民共和国海洋环境保护法》、1984年颁布的《中华人民共和国水污染防治法》、1987年颁布的《中华人民共和国大气污染防治法》中,都有建设项目环境影响评价的规定。

1989年12月26日颁布的《中华人民共和国环境保护法》第十三条规定:"建设污染环境的项目,必须遵守国家有关建设项目环境保护管理的规定。

建设项目的环境影响报告书,须对建设项目产生的污染和对环境的影响作出评价,规定防治措施,经项目主管部门预审并依照规定的程序报环境保护行政主管部门批准。环境影响报告书经批准后,计划部门方可批准建设项目设计任务书。"

此条中,对环境影响评价制度的执行对象和任务、工作原则和审批程序、执行时段和与基本建设程序之间的关系作了原则规定,再一次用法律确认了建设项目环境影响评价制度,并为行政法规中具体规范环境影响评价提供了法律依据和基础。

3. 强化和完善阶段

进入20世纪90年代,随着我国改革开放的深入发展和社会主义计划经济向社会主义市场经济转轨,建设项目的环境保护管理特别是环境影响评价制度得到强化,开展了区域环境影响评价,并针对企业长远发展计划进行了规划环境影响评价。针对投资多元化造成的建设项目多渠道立项和开发区的兴起,1993年国家环境保护局下发了《关于进一步做好建设项目环境保护管理工作的几点意见》,提出先评价、后建设,并对环境影响评价分类指导和开发区区域环境影响评价作了规定。

在注重环境污染的同时,加强了生态影响项目的环境影响评价,防治污染和保护生态并重。通过国际金融组织贷款项目,在中国开始实行建设项目环境影响评价的公众参与,并逐步扩大和完善公众参与的范围。

1994年起,开始了建设项目环境影响评价招标试点工作,并陆续颁布实施了《环境影响评价技术导则 总纲》《环境影响评价技术导则 地面水环境》《环境影响评价技术导则 大气环境》《电磁辐射环境影响评价方法与标准》《火电厂建设项目环境影响报告书编制规范》《环境影响评价技术导则 非污染生态影响》等。1996年召开了第四次全国环境保护会议,国务院颁布了《国务院关于环境保护若干问题的决定》。各地加强了对建设项目的审批和检查,并实施污染物排放总量控制,增加了"清洁生产"和"公众参与"的内容,强化了生态环境影响评价,使环境影响评价的深度和广度得到进一步扩展。

1998年11月29日,国务院第253号令颁布实施《建设项目环境保护管理条例》,这是建设项目环境管理的第一个行政法规,对环境影响评价作了全面、详细、明确的规定。1999年3月,依据《建设项目环境保护管理条例》,国家环境保护总局颁布第2号令,公布了《建设项目环境影响评价资格证书管理办法》,对评价单位的资质进行了规定;同年4月,国家环境保护总局《关于公布建设项目环境保护分类管理名录(试行)的通知》,公布了分类管理名录。

国家环境保护总局加强了建设项目环境影响评价单位人员的资质管理,与国际金融组织合作,从1990年开始对环境影响评价人员进行培训,实行环境影响评价人员持证上岗制度。这一阶段,我国的建设项目环境影响评价在法规建设、评价方法建设、评价队伍建设,以及评价对象和评价内容的拓展等方面,取得了全面进展。

4. 提高和拓展阶段

2002年10月28日,第九届全国人大常委会通过《中华人民共和国环境影响评价法》,环境影响评价从建设项目环境影响评价扩展到规划环境影响评价,使环境影响评价制度得到最新的发展。国家环境保护总局依照法律的规定,建立了环境影响评价的基础数据库,颁布了规划环境影响评价的技术导则,会同有关部门并经国务院批准制定了环境影响评价规划名录,制定了专项规划环境影响报告书审查办法,设立了国家环境影响评价审查专家库。

为了加强环境影响评价管理,提高环境影响评价专业技术人员素质,确保环境影响评价质量,2004年2月,人事部、国家环境保护总局在全国环境影响评价系统建立环境影响评价工程师职业资格制度,对从事环境影响评价工作的有关人员提出了更高的要求。

2009年8月17日,国务院颁布了《规划环境影响评价条例》,自2009年10月1日起施行。这是我国环境立法的重大进展,标志着环境保护参与综合决策进入了新阶段。

5. 改革和优化阶段

进入"十三五"以后,环境影响评价进入了改革和优化阶段,环境保护部于2016年7月15日印发了《"十三五"环境影响评价改革实施方案》(环环评〔2016〕95号),为在新时期发挥环境影响评价源头预防环境污染和生态破坏的作用,推动实现"十三五"绿色发展和改善生态环境质量总体目标,制订了实施方案。

6. 全面深化改革阶段

《全国人民代表大会常务委员会关于修改〈中华人民共和国劳动法〉等七部法律的决定》(中华人民共和国主席令第二十四号)于 2018 年 12 月 29 日公布施行，对《中华人民共和国环境影响评价法》作出修改。修改后的《环境影响评价法》取消了建设项目环境影响评价资质行政许可事项，不再强制要求由具有资质的环评机构编制建设项目环境影响报告书(表)，规定建设单位既可以委托技术单位为其编制环境影响报告书(表)，如果自身就具备相应技术能力也可以自行编制。《环境影响评价法》第十九条规定：

建设单位可以委托技术单位对其建设项目开展环境影响评价，编制建设项目环境影响报告书、环境影响报告表；建设单位具备环境影响评价技术能力的，可以自行对其建设项目开展环境影响评价，编制建设项目环境影响报告书、环境影响报告表。

编制建设项目环境影响报告书、环境影响报告表应当遵守国家有关环境影响评价标准、技术规范等规定。

国务院生态环境主管部门应当制定建设项目环境影响报告书、环境影响报告表编制的能力建设指南和监管办法。

接受委托为建设单位编制建设项目环境影响报告书、环境影响报告表的技术单位，不得与负责审批建设项目环境影响报告书、环境影响报告表的生态环境主管部门或者其他有关审批部门存在任何利益关系。

在全面深化"放管服"改革的新形势下，随着环评技术校核等事中事后监管的力度越来越大，放开事前准入的条件逐步成熟，此次修法标志着环评资质管理的改革瓜熟蒂落。

第三节　环境影响评价制度体系

环境影响评价是一种科学的方法和严格的管理制度，作为一个完整体系，应包括健全的环境影响评价管理制度，实用完善的环境影响评价技术导则、评价标准和评价方法研究成果，一支高素质的为环境影响评价提供技术服务的机构和人员队伍。我国的环境影响评价经过近 50 年的发展，已基本具备了上述条件，有多部法律规范环境影响评价，并制定了专门的环境影响评价法；有配套的规范环境影响评价的国务院行政法规;有涉及有关区域、行业环境影响评价的部门规章和地方发布的法规规章,初步形成了我国环境影响评价制度体系(图 1.3-1)。

　　1979 年《中华人民共和国环境保护法(试行)》颁布,第一次用法律规定了建设项目环境影响评价,在我国开始确立了环境影响评价制度。1989 年颁布的《中华人民共和国环境保护法》,进一步用法律确立和规范了我国的环境影响评价制度。2002 年 10 月 28 日通过的《中华人民共和国环境影响评价法》,用法律把环境影响评价从项目环境影响评价拓展到规划环境影响评价,成为我国环境影响评价史的重要里程碑,中国的环境影响评价制度跃上新台阶,发展到一个新阶段,并于 2018 年对《中华人民共和国环境影响评价法》作出修正和实施。

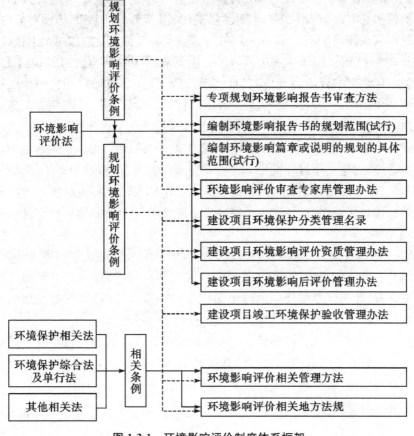

图 1.3-1　环境影响评价制度体系框架

　　1979 年之后,国家陆续颁布的各项环境保护单行法,如 1982 年颁布的《中华人民共和国海洋环境保护法》(1999 年修订,2013 年、2016 年和 2017 年三次修正)、1984 年颁布的《中华人民共和国水污染防治法》(1996 年修正,2008 年修订、2017 年第二次修正)、1987 年颁布的《中华人民共和国大气污染防治法》(1995 年修正、2000 年修订、2015 年第二次修订,2018 年第二次修正)、1995 年颁布的《中华人民共和国固体废物污染环境防治法》(2004 年修订,2013 年、2015 年和 2016 年三次修正)、1996 年颁布的《中华人民共和国环境噪声污染防治法》、2003 年颁布的《中华人民共和国放射性污染防治法》和 2018 年颁布的《中华人民共和国土壤污染防治法》都对建设项目环境影响评价有具体条文规定;颁布的自然资源保护法律,如 1985 年颁布的《中华人民共和国草原法》(2002 年修订,2009 年、2013 年两次修正)、1988 年颁布的《中华人民共和国野生动物保护法》(2004 年、2009 年两次修正,2016 年修订)、1988 年颁布的《中华人民共和国水法》(2002 年修订)、1991 年颁布的《中华人民共和国水土保持法》(2010 年修订)和 2001 年颁布的《中华人民共和国防沙治沙法》(2018 年修正)也有关于环境影响评价的规定;其他相关法律,如 2002 年颁布的《中华人民共和国清洁生产促进法》(2012 年修订),也同样有环境影响评价的相应规定。这些法律对完善我国的环境影响评价制度起到了重要的促进作用。

　　1998 年国务院颁布的《建设项目环境保护管理条例》,规定了对建设项目实行分类管理,对建设项目环境影响评价单位实施资质管理,并明确了建设单位、评价单位、负责环境影响审批的政府有关部门工作人员在环境影响评价中违法行为的法律责任,成为指导建设项目环境影响评价极为重要和可操作性强的行政法规。

　　2009 年国务院颁布的《规划环境影响评价条例》,针对几年来贯彻落实《中华人民共和国环境影响评价法》的实际情况及存在的问题,如何对规划进行环境影响评价、如何对专项规划的环境影响报告书进行审查、如何对规划的环境影响进行跟踪评价等进行了明确规定,具有很强的可操作性。

　　依据《中华人民共和国环境影响评价法》和《建设项目环境保护管理条例》,国务院生态环境主管部门和国务院其他有关部委及各省、自治区、直辖市人民政府和有关部门,陆续颁布了一系列环境影响评价的部门行政规章,也成为环境影响评价制度体系的重要组成部分。

第四节 建设项目环境影响评价的分类管理

一、环境影响评价分类管理的原则规定

建设项目对环境的影响千差万别,不仅不同的行业、不同的产品、不同的规模、不同的工艺、不同的原材料产生的污染物种类和数量不同,对环境的影响不同,而且即使是相同的企业处于不同的地点、不同的区域,对环境的影响也不一样。《中华人民共和国环境影响评价法》第十六条和《建设项目环境保护管理条例》第七条中具体规定了国家对建设项目的环境保护实行分类管理。

《中华人民共和国环境影响评价法》第十六条规定:

国家根据建设项目对环境的影响程度,对建设项目的环境影响评价实行分类管理。

建设单位应当按照下列规定组织编制环境影响报告书、环境影响报告表或者填报环境影响登记表(以下统称环境影响评价文件):

(1)可能造成重大环境影响的,应当编制环境影响报告书,对产生的环境影响进行全面评价;

(2)可能造成轻度环境影响的,应当编制环境影响报告表,对产生的环境影响进行分析或者专项评价;

(3)对环境影响很小、不需要进行环境影响评价的,应当填报环境影响登记表。

建设项目的环境影响评价分类管理名录,由国务院生态环境主管部门制定并公布。

《建设项目环境保护管理条例》对分类管理也有相同的规定,但提法是环境保护分类管理。《建设项目环境保护管理条例》第七条规定:

国家根据建设项目对环境的影响程度,按照下列规定对建设项目的环境保护实行分类管理。

(1)建设项目对环境可能造成重大影响的,应当编制环境影响报告书,对建设项目产生的污染和对环境的影响进行全面、详细的评价;

(2)建设项目对环境可能造成轻度影响的,应当编制环境影响报告表,对建设项目产生的污染和对环境的影响进行分析或者专项评价;

（3）建设项目对环境影响很小、不需要进行环境影响评价的，应当填报环境影响登记表。

建设项目环境影响评价分类管理名录，由国务院环境保护行政主管部门在组织专家进行论证和征求有关部门、行业协会、企事业单位、公众等意见的基础上制定并公布。

分类管理体现了环境保护工作既要促进经济发展，又要保护好环境的"双赢"理念。对环境影响大的建设项目从严把关管理，坚决防治对环境的污染和生态的破坏；对环境影响小的建设项目适当简化评价内容和审批程序，促进经济的快速发展。

二、环境影响评价分类管理的具体要求

根据上述法律法规的规定，国家环境保护总局于 2002 年 10 月以第 14 号令颁布《建设项目环境保护分类管理名录》，之后分别于 2008 年 9 月 2 日环境保护部以第 2 号令，2015 年 4 月 9 日环境保护部以第 33 号令对其进行了修订，并定名为《建设项目环境影响评价分类管理名录》。2017 年 6 月 29 日环境保护部第 44 号令颁布新的《建设项目环境影响评价分类管理名录》，2018 年 4 月 28 日生态环境部发布生态环境部第 1 号令对其部分内容进行修改。2020 年 11 月 30 日生态环境部以第 16 号令又颁布了新的《建设项目环境影响评价分类管理名录》，自 2021 年 1 月 1 日起施行。

1. 建设项目环境影响评价分类管理类别确定

根据建设项目特征和所在区域的环境敏感程度，综合考虑建设项目可能对环境产生的影响，对建设项目的环境影响评价实行分类管理。

建设单位应当按照该名录的规定，分别组织编制建设项目环境影响报告书、环境影响报告表或者填报环境影响登记表。

建设单位应当严格按照本名录确定环境影响评价类别，不得擅自改变环境影响评价类别。

环境影响评价文件应当就建设项目对环境敏感区的影响作重点分析。

跨行业、复合型建设项目，其环境影响评价类别按其中单项等级最高的确定。《建设项目环境影响评价分类管理名录》未作规定的建设项目，其环境影响评价类别由省级生态环境主管部门根据建设项目的污染因子、生态影响因子特征及其所处环境的敏感性质和敏感程度提出建议，报生态环境部认定。

2.环境敏感区的界定

《建设项目环境影响评价分类管理名录》第三条内容:

本名录所称环境敏感区是指依法设立的各级各类保护区域和对建设项目产生的环境影响特别敏感的区域,主要包括下列区域:

(1)国家公园、自然保护区、风景名胜区、世界文化和自然遗产地、海洋特别保护区、饮用水水源保护区;

(2)除(1)外的生态保护红线管控范围,永久基本农田、基本草原、自然公园(森林公园、地质公园、海洋公园等)、重要湿地、天然林,重点保护野生动物栖息地,重点保护野生植物生长繁殖地,重要水生生物的自然产卵场、索饵场、越冬场和洄游通道,天然渔场,水土流失重点预防区和重点治理区,沙化土地封禁保护区,封闭及半封闭海域;

(3)以居住、医疗卫生、文化教育、科研、行政办公等为主要功能的区域,以及文物保护单位。

第五节 建设项目环境影响评价总纲

《建设项目环境影响评价技术导则 总纲》(HJ 2.1—2016)规定了建设项目环境影响评价的一般性原则、通用规定、工作程序、工作内容及相关要求,适用于需编制环境影响报告书和环境影响报告表的建设项目环境影响评价。

一、环境影响评价工作程序

分析判定建设项目选址选线、规模、性质和工艺路线等与国家和地方有关环境保护法律法规、标准、政策、规范、相关规划、规划环境影响评价结论及审查意见的符合性,并与生态保护红线、环境质量底线、资源利用上线和环境准入负面清单进行对照,作为开展环境影响评价工作的前提和基础。

环境影响评价工作一般分为三个阶段,即调查分析和工作方案制订阶段,分析论证和预测评价阶段,环境影响报告书(表)编制阶段。具体流程见图1.5-1。

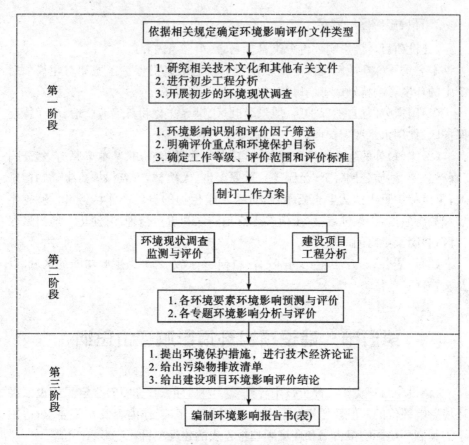

图 1.5-1 建设项目环境影响评价工作程序图

二、环境影响报告书(表)编制要求

(1)环境影响报告书编制要求。《建设项目环境影响评价技术导则 总纲》(HJ 2.1—2016)规定了建设项目环境影响评价报告书一般包括概述、总则、建设项目工程分析、环境现状调查与评价、环境影响预测与评价、环境保护措施及其可行性论证、环境影响经济损益分析、环境管理与监测计划、环境影响评价结论和附录附件等内容。

概述可简要说明建设项目的特点、环境影响评价的工作过程、分析判定相关情况、关注的主要环境问题及环境影响、环境影响评价的主要结论等。总则应包括编制依据、评价因子与评价标准、评价工作等级和评价范围、相关规划及环境功能区划、主要环境保护目标等。附录和附件应包括项目依据文件、相关技术资料、引用文献等。

报告书应概括地反映环境影响评价的全部工作成果,突出重点。工程分析应体现工程特点,环境现状调查应反映环境特征,主要环境问题应阐述清楚,影响预测方法应科学,预测结果应可信,环境保护措施应可行、有效,评价结论应明确。

2018年修正的《中华人民共和国环境影响评价法》规定建设项目的环境影响报告书应当包括:①建设项目概述;②建设项目周围环境现状;③建设项目对环境可能造成影响的分析、预测和评估;④建设项目环境保护措施及其技术经济论证;⑤建设项目对环境影响的经济损益分析;⑥建设项目实施环境监测的建议;⑦环境影响评价的结论。

(2)环境影响报告表编制要求。环境影响报告表应采用规定格式。可根据工程特点、环境特征,有针对性突出环境要素或设置专题开展评价。

(3)环境影响报告书(表)内容涉及国家秘密的,按国家涉密管理有关规定处理。

三、建设项目工程分析

1. 建设项目概况

建设项目包括主体工程、辅助工程、公用工程、环保工程、储运工程以及依托工程等。

以污染影响为主的建设项目应明确项目组成、建设地点、原辅料、生产工艺、主要生产设备、产品(包括主产品和副产品)方案、平面布置、建设周期、总投资及环境保护投资等。

以生态影响为主的建设项目应明确项目组成、建设地点、占地规模、总平面及现场布置、施工方式、施工时序、建设周期和运行方式、总投资及环境保护投资等。

改扩建及异地搬迁建设项目还应包括现有工程的基本情况、污染物排放及达标情况、存在的环境保护问题及拟采取的整改方案等内容。

2. 影响因素分析

(1)污染影响因素分析。遵循清洁生产的理念,从工艺的环境友好性、工艺过程的主要产污节点以及末端治理措施的协同性等方面,选择可能对环境产生较大影响的主要因素进行深入分析。

绘制包含产污环节的生产工艺流程图;按照生产、装卸、储存、运输等环节分析包括常规污染物、特征污染物在内的污染物产生、排放情况（包括正常工况和开停工及维修等非正常工况），存在具有致癌、致畸、致突变的物质、持久性有机污染物或重金属的，应明确其来源、转移途径和流向；给出噪声、振动、放射性及电磁辐射等污染的来源、特性及强度等；说明各种源头防控、过程控制、末端治理、回收利用等环境影响减缓措施状况。

明确项目消耗的原料、辅料、燃料、水资源等种类、构成和数量，给出主要原辅材料及其他物料的理化性质、毒理特征，产品及中间体的性质、数量等。

对建设阶段和生产运行期间，可能发生突发性事件或事故，引起有毒有害、易燃易爆等物质泄漏，对环境及人身造成影响和损害的建设项目，应开展建设和生产运行过程的风险因素识别。存在较大潜在人群健康风险的建设项目，应开展影响人群健康的潜在环境风险因素识别。

（2）生态影响因素分析。结合建设项目特点和区域环境特征，分析建设项目建设和运行过程（包括施工方式、施工时序、运行方式、调度调节方式等）对生态环境的作用因素与影响源、影响方式、影响范围和影响程度。重点为影响程度大、范围广、历时长或涉及环境敏感区的作用因素和影响源，关注间接性影响、区域性影响、长期性影响以及累积性影响等特有生态影响因素的分析。

3. 污染源源强核算

根据污染物产生环节（包括生产、装卸、储存、运输）、产生方式和治理措施，核算建设项目有组织与无组织、正常工况与非正常工况下的污染物产生和排放强度，给出污染因子及其产生和排放的方式、浓度、数量等。

对改扩建项目的污染物排放量（包括有组织与无组织、正常工况与非正常工况）的统计，应分别按现有、在建、改扩建项目实施后等情形汇总污染物产生量、排放量及其变化量，核算改扩建项目建成后最终的污染物排放量。

污染源源强核算方法由污染源源强核算技术指南具体规定。

四、环境现状调查与评价

1. 基本要求

（1）对与建设项目有密切关系的环境要素应全面、详细调查，给出定量的数据并作出分析或评价。对于自然环境的现状调查，可根据建设项目情况进行必要说明。

（2）充分收集和利用评价范围内各例行监测点、断面或站位的近三年环境监测资料或背景值调查资料，当现有资料不能满足要求时，应进行现场调查和测试,现状监测和观测网点应根据各环境要素环境影响评价技术导则要求布设,兼顾均布性和代表性原则。符合相关规划环境影响评价结论及审查意见的建设项目,可直接引用符合时效的相关规划环境影响评价的环境调查资料及有关结论。

2.环境现状调查的方法

环境现状调查方法由环境要素环境影响评价技术导则具体规定。

3.环境现状调查与评价内容

根据环境影响因素识别结果,开展相应的现状调查与评价。

(1)自然环境现状调查与评价。包括地形地貌、气候与气象、地质、水文、大气、地表水、地下水、声、生态、土壤、海洋、放射性及辐射(如必要)等调查内容。根据环境要素和专题设置情况选择相应内容进行详细调查。

(2)环境保护目标调查。调查评价范围内的环境功能区划和主要的环境敏感区,详细了解环境保护目标的地理位置、服务功能、四至范围、保护对象和保护要求等。

(3)环境质量现状调查与评价。

1)根据建设项目特点、可能产生的环境影响和当地环境特征选择环境要素进行调查与评价。

2)评价区域环境质量现状。说明环境质量的变化趋势,分析区域存在的环境问题及产生的原因。

(4)区域污染源调查。选择建设项目常规污染因子和特征污染因子、影响评价区环境质量的主要污染因子和特殊污染因子作为主要调查对象,注意不同污染源的分类调查。

五、环境影响预测与评价

1.基本要求

(1)环境影响预测与评价的时段、内容及方法均应根据工程特点与环境特性、评价工作等级、当地的环境保护要求确定。

(2)预测和评价的因子应包括反映建设项目特点的常规污染因子、特征污染因子和生态因子,以及反映区域环境质量状况的主要污染因子、特殊污染因子和生态因子。

(3)须考虑环境质量背景与环境影响评价范围内在建项目同类污染物环境影响的叠加。

(4)对于环境质量不符合环境功能要求或环境质量改善目标的,应结合区域限期达标规划对环境质量变化进行预测。

2.环境影响预测与评价方法

预测与评价方法主要有数学模式法、物理模型法、类比调查法等,由各环境要素或专题环境影响评价技术导则具体规定。

3.环境影响预测与评价内容

(1)应重点预测建设项目生产运行阶段正常工况和非正常工况等情况的环境影响。

(2)当建设阶段的大气、地表水、地下水、噪声、振动、生态以及土壤等影响程度较重、影响时间较长时,应进行建设阶段的环境影响预测和评价。

(3)可根据工程特点、规模、环境敏感程度、影响特征等选择开展建设项目服务期满后的环境影响预测和评价。

(4)当建设项目排放污染物对环境存在累积影响时,应明确累积影响的影响源,分析项目实施可能发生累积影响的条件、方式和途径,预测项目实施在时间和空间上的累积环境影响。

(5)对以生态影响为主的建设项目,应预测生态系统组成和服务功能的变化趋势,重点分析项目建设和生产运行对环境保护目标的影响。

(6)对存在环境风险的建设项目,应分析环境风险源项,计算环境风险后果,开展环境风险评价。对存在较大潜在人群健康风险的建设项目,应分析人群主要暴露途径。

六、环境保护措施及其可行性论证

(1)明确提出建设项目建设阶段、生产运行阶段和服务期满后(可根据项目情况选择)拟采取的具体污染防治、生态保护、环境风险防范等环境保护措施;分析论证拟采取措施的技术可行性、经济合理性、长期稳定运行和达标排放的可靠性、满足环境质量改善和排污许可要求的可行性、生态保护和恢复效果的可达性。

各类措施的有效性判定应以同类或相同措施的实际运行效果为依据,没有实际运行经验的,可提供工程化实验数据。

(2)环境质量不达标的区域,应采取国内外先进可行的环境保护措施,结合区域限期达标——规划及实施情况,分析建设项目实施对区域环境质量改善目标的贡献和影响。

（3）给出各项污染防治、生态保护等环境保护措施和环境风险防范措施的具体内容、责任主体、实施时段，估算环境保护投入，明确资金来源。

（4）环境保护投入应包括为预防和减缓建设项目不利环境影响而采取的各项环境保护措施和设施的建设费用、运行维护费用，直接为建设项目服务的环境管理与监测费用以及相关科研费用。

七、环境影响经济损益分析

以建设项目实施后的环境影响预测与环境质量现状进行比较，从环境影响的正、负两方面，以定性与定量相结合的方式，对建设项目的环境影响后果（包括直接和间接影响、不利和有利影响）进行货币化经济损益核算，估算建设项目环境影响的经济价值。

八、环境管理与监测计划

（1）按建设项目建设阶段、生产运行、服务期满后（可根据项目情况选择）等不同阶段，针对不同工况、不同环境影响和环境风险特征，提出具体环境管理要求。

（2）给出污染物排放清单，明确污染物排放的管理要求。包括工程组成及原辅材料组分要求，建设项目拟采取的环境保护措施及主要运行参数，排放的污染物种类、排放浓度和总量指标，污染物排放的分时段要求，排污口信息，执行的环境标准，环境风险防范措施以及环境监测等。提出应向社会公开的信息内容。

（3）提出建立日常环境管理制度、组织机构和环境管理台账相关要求，明确各项环境保护设施和措施的建设、运行及维护费用保障计划。

（4）环境监测计划应包括污染源监测计划和环境质量监测计划，内容包括监测因子、监测网点布设、监测频次、监测数据采集与处理、采样分析方法等，明确自行监测计划内容。①污染源监测包括对污染源（包括废气、废水、噪声、固体废物等）以及各类污染治理设施的运转进行定期或不定期监测，明确在线监测设备的布设和监测因子。②根据建设项目环境影响特征、影响范围和影响程度，结合环境保护目标分布，制订环境质量定点监测或定期跟踪监测方案。③对以生态影响为主的建设项目应提出生态监测方案。④对存在较大潜在人群健康风险的建设项目，应提出环境跟踪监测计划。

九、环境影响评价结论

对建设项目的建设概况、环境质量现状、污染物排放情况、主要环境影响、公众意见采纳情况、环境保护措施、环境影响经济损益分析、环境管理与监测计划等内容进行概括总结,结合环境质量目标要求,明确给出建设项目的环境影响可行性结论。

对存在重大环境制约因素、环境影响不可接受或环境风险不可控、环境保护措施经济技术不满足长期稳定达标及生态保护要求、区域环境问题突出且整治计划不落实或不能满足环境质量改善目标的建设项目,应提出环境影响不可行的结论。

十、附录、附件

附录和附件应包括项目依据文件、相关技术资料、引用文献等。

第二章　法律法规

第一节　环境保护法律法规体系

我国目前建立了由法律、国务院行政法规、政府部门规章、地方性法规和地方政府规章、环境标准、环境保护国际条约组成的完整的环境保护法律法规体系。

一、环境保护法律法规体系

1.法律

(1)宪法。该体系以《中华人民共和国宪法》中对环境保护的规定为基础。《中华人民共和国宪法》2018 年修正案序言明确要求"推动物质文明、政治文明、精神文明、社会文明、生态文明协调发展"。

《中华人民共和国宪法》2004 年修正案第九条第二款规定：国家保障自然资源的合理利用，保护珍贵的动物和植物。禁止任何组织或者个人用任何手段侵占或者破坏自然资源。第二十六条第一款规定：国家保护和改善生活环境和生态环境，防治污染和其他公害。

《中华人民共和国宪法》中的这些规定是环境保护立法的依据和指导原则。

(2)环境保护法律。包括环境保护综合法、环境保护单行法和环境保护相关法。

环境保护综合法是指 2014 年修订的《中华人民共和国环境保护法》，环境保护单行法包括污染防治法(《中华人民共和国水污染防治法》《中华人民共和国大气污染防治法》《中华人民共和国土壤污染防治法》《中华人民共和国固体废物污染环境防治法》《中华人民共和国环境噪声污染防治法》《中华人民共和国放射性污染防治法》等)、生态保护法(《中华人民共和国水土保持法》《中华人民共和国野生动物保护法》《中华人民共和国防沙治沙法》等)、《中华人民共和国海洋环境保护法》和《中华人民共和国环境影响评价法》。

环境保护相关法是指一些自然资源保护和其他有关部门法律，如《中华人民共和国森林法》《中华人民共和国草原法》《中华人民共和国渔业法》《中华人民共和国矿产资源法》《中华人民共和国水法》《中华人民共和国清洁生产促进法》等都涉及环境保护的有关要求，也是环境保护法律法规体系的一部分。

2. 环境保护行政法规

环境保护行政法规是由国务院制定并公布或经国务院批准有关主管部门公布的环境保护规范性文件。一是根据法律授权制定的环境保护法的实施细则或条例；二是针对环境保护的某个领域而制定的条例、规定和办法，如《建设项目环境保护管理条例》和《规划环境影响评价条例》。

3. 政府部门规章

政府部门规章是指国务院生态环境主管部门单独发布或与国务院其他有关部门联合发布的环境保护规范性文件，以及政府其他有关行政主管部门依法制定的环境保护规范性文件。政府部门规章是以环境保护法律和行政法规为依据而制定的，或者是针对某些尚未有相应法律和行政法规调整的领域作出的相应规定。

4. 环境保护地方性法规和地方性规章

环境保护地方性法规和地方性规章是享有立法权的地方权力机关和地方政府机关依据《中华人民共和国宪法》和相关法律制定的环境保护规范性文件。这些规范性文件是根据本地实际情况和特定环境问题制定的，并在本地区实施，有较强的可操作性。环境保护地方性法规和地方性规章不能和法律、国务院行政法规、规章相抵触。

5. 环境标准

环境标准是环境保护法律法规体系的一个组成部分，是环境执法和环境管理工作的技术依据。我国的环境标准分为国家环境标准、地方环境标准和生态环境部标准。

6. 环境保护国际公约

环境保护国际公约是指我国缔结和参加的环境保护国际公约、条约和议定书。国际公约与我国环境法有不同规定时，优先适用国际公约的规定，但我国声明保留的条款除外。

二、环境保护法律法规体系中各层次间的关系

《中华人民共和国宪法》是环境保护法律法规体系建立的依据和基础,法律层次不管是环境保护的综合法、单行法还是相关法,其中对环境保护的要求,法律效力是一样的。如果法律规定中有不一致的地方,应遵循后法大于前法的原则(图 2.1-1)。

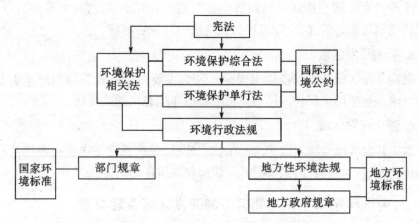

图 2.1-1　环境保护法律法规体系框架

国务院环境保护行政法规的法律地位仅次于法律。部门行政规章、地方环境法规和地方政府规章均不得违背法律和行政法规的规定。地方法规和地方政府规章只在制定法规、规章的辖区内有效。

我国的环境保护法律法规如与参加和签署的国际公约有不同规定时,应优先适用国际公约的规定,但我国声明保留的条款除外。

第二节　全国海洋主体功能区规划

2015 年 8 月 1 日,国务院印发《全国海洋主体功能区规划》(国发〔2015〕42号)。该规划是《全国主体功能区规划》的重要组成部分,是推进形成海洋主体功能区布局的基本依据,是海洋空间开发的基础性和约束性规划。

一、主体功能区划分

海洋主体功能区按开发内容可分为产业与城镇建设、农渔业生产、生态环

境服务三种功能。依据主体功能,将海洋空间划分为以下四类区域。

1. 优化开发区域

优化开发区域是指现有开发利用强度较高,资源环境约束较强,产业结构亟须调整和优化的海域。

2. 重点开发区域

重点开发区域是指在沿海经济社会发展中具有重要地位,发展潜力较大,资源环境承载能力较强,可以进行高强度集中开发的海域。

3. 限制开发区域

限制开发区域是指以提供海洋水产品为主要海洋渔业资源和海洋生态功能的海域。包括用于保护海洋渔业资源和海洋生态功能的海域。

4. 禁止开发区域

禁止开发区域是指对维护海洋生物多样性,保护典型海洋生态系统具有重要作用的海域,包括海洋自然保护区、领海基点所在岛屿等。

二、内水和领海主体功能区限制开发区域管理要求

我国已公布的内水和领海面积38万平方千米,是海洋开发活动的核心区域,也是坚持陆海统筹、实现人口资源环境协调发展的关键区域。限制开发区域包括海洋渔业保障区、海洋特别保护区和海岛及其周边海域。

1. 发展方向与开发原则

实施分类管理,在海洋渔业保障区,实施禁渔区、休渔期管制,加强水产种质资源保护,禁止开展对海洋经济生物繁殖生长有较大影响的开发活动;在海洋特别保护区,严格限制不符合保护目标的开发活动,不得擅自改变海岸、海底地形地貌及其他自然生态环境状况;在海岛及其周边海域,禁止以建设实体坝方式连接岛礁,严格限制无居民海岛开发和改变海岛自然岸线的行为,禁止在无居民海岛弃置或者向其周边海域倾倒废水和固体废物。

2. 海洋渔业保障区管理要求

海洋渔业保障区包括传统渔场、海水养殖区和水产种质资源保护区。在传统渔场,要继续实行捕捞渔船数量和功率总量控制制度,严格执行伏季休渔制度,调整捕捞作业结构,促进渔业资源逐步恢复和合理利用;加强重要渔业资源保护,开展增殖放流,改善渔业资源结构。在海水养殖区,要推广健康养殖模式,推进标准化建设;发展设施渔业,拓展深水养殖,推进以海洋牧场建设为主

要形式的区域综合开发。加强水产种质资源保护区建设和管理,在种质资源主要生长繁殖区,划定一定面积海域及其毗邻岛礁,用于保障种质资源繁殖生长,提高种群数量和质量。

3. 海洋特别保护区管理要求

我国现有国家级海洋特别保护区 23 个,总面积约 2 859 km^2。加强海洋特别保护区建设和管理,严格控制开发规模和强度,集约利用海洋资源,保持海洋生态系统完整性,提高生态服务功能。在重要河口区域,禁止采挖海砂、围填海等破坏河口生态功能的开发活动;在重要滨海湿地区域,禁止开展围填海、城市建设开发等改变海域自然属性、破坏湿地生态系统功能的开发活动;在重要砂质岸线,禁止开展可能改变或影响沙滩自然属性的开发建设活动,岸线向海一侧 3.5 km 范围内禁止开展采挖海砂、围填海、倾倒废物等可能引发沙滩蚀退的开发活动;在重要渔业海域,禁止开展围填海及可能截断洄游通道等开发活动。适度发展渔业和旅游业。

4. 海岛及其周边海域管理要求

加强交通通信、电力供给、人畜饮水、污水处理等设施建设,支持可再生能源、海水淡化、雨水集蓄和再生水回用等技术应用,改善居民基本生产、生活条件,提高基础教育、公共卫生、劳动就业、社会保障等公共服务能力。发展海岛特色经济,合理调整产业发展规模,支持渔业产业调整和结构优化,因地制宜发展生态旅游、生态养殖、休闲渔业等。保护海岛生态系统,维护海岛及其周边海域生态平衡。对开发利用程度较高、生态环境遭受破坏的海岛,实施生态修复。适度控制海岛居住人口规模,对发展成本高、生存环境差的边远海岛居民实施易地安置。加强对建有导航、观测等公益性设施海岛的保护和管理。充分利用现有科技资源,在具有科研价值的海岛建立试验基地。从事科研活动,不得对海岛及其周边海域生态环境造成损害。

三、内水和领海主体功能区禁止开发区域管理要求

禁止开发区域包括各级各类海洋自然保护区、领海基点所在岛礁等。

1. 管制原则

对海洋自然保护区依法实行强制性保护,实施分类管理;对领海基点所在地实施严格保护,任何单位和个人不得破坏或擅自移动领海基点标志。

2. 海洋自然保护区管理要求

我国现有国家级海洋自然保护区 34 个,总面积约 1.94 万平方千米。在保

护区核心区和缓冲区内不得开展任何与保护无关的工程建设活动,海洋基础设施建设原则上不得穿越保护区,涉及保护区的航道、管线和桥梁等基础设施经严格论证并批准后方可实施。在保护区内开展科学研究,要合理选择考察线路。对具有特殊保护价值的海岛、海域等,要依法设立海洋自然保护区或扩大现有保护区面积。

四、关于划定并严守生态保护红线的若干意见

2017 年 2 月,中共中央办公厅、国务院办公厅印发《关于划定并严守生态保护红线的若干意见》(简称《意见》),标志着全国生态保护红线划定与制度建设正式全面启动。

1. 总体目标

2017 年年底前,京津冀区域、长江经济带沿线各省(直辖市)划定生态保护红线;2018 年年底前,其他省(自治区、直辖市)划定生态保护红线;2020 年年底前,全面完成全国生态保护红线划定,勘界定标。基本建立生态保护红线制度,国土生态空间得到优化和有效保护,生态功能保持稳定,国家生态安全格局更加完善。到 2030 年,生态保护红线布局进一步优化,生态保护红线制度有效实施,生态功能显著提升,国家生态安全得到全面保障。

2. 生态保护红线的含义

生态保护红线是指在生态空间范围内具有特殊重要生态功能必须强制性严格保护的区域,是保障和维护国家生态安全的底线和生命线,通常包括具有重要水源涵养、生物多样性维护、水土保持、防风固沙、海岸生态稳定等功能的生态功能重要区域,以及水土流失、土地沙化、石漠化、盐碱化等生态环境敏感脆弱区域。划定并严守生态保护红线,是贯彻落实主体功能区制度、实施生态空间用途管制的重要举措,是提高生态产品供给能力和生态系统服务功能、构建国家生态安全格局的有效手段,是健全生态文明制度体系、推动绿色发展的有力保障。

3. 严守生态保护红线

(1)明确属地管理责任。地方各级党委和政府是严守生态保护红线的责任主体,要将生态保护红线作为相关综合决策的重要依据和前提条件,履行好保护责任。各有关部门要按照职责分工,加强监督管理,做好指导协调、日常巡护和执法监督,共守生态保护红线。建立目标责任制,把保护目标、任务和要求层层分解,落到实处。创新激励约束机制,对生态保护红线保护成效突出的单位

和个人予以奖励;对造成破坏的,依法依规予以严肃处理。根据需要设置生态保护红线管护岗位,提高居民参与生态保护积极性。

(2)确立生态保护红线优先地位。生态保护红线划定后,相关规划要符合生态保护红线空间管控要求,不符合的要及时进行调整。空间规划编制要将生态保护红线作为重要基础,发挥生态保护红线对于国土空间开发的底线作用。

(3)实行严格管控。生态保护红线原则上按禁止开发区域的要求进行管理。严禁不符合主体功能定位的各类开发活动,严禁任意改变用途。生态保护红线划定后,只能增加、不能减少,因国家重大基础设施、重大民生保障项目建设等需要调整的,由省级政府组织论证,提出调整方案,经原环境保护部、国家发展改革委会同有关部门提出审核意见后,报国务院批准。因国家重大战略资源勘查需要,在不影响主体功能定位的前提下,经依法批准后予以安排勘查项目。

(4)加大生态保护补偿力度。财政部会同有关部门加大对生态保护红线的支持力度,加快健全生态保护补偿制度,完善国家重点生态功能区转移支付政策。推动生态保护红线所在地区和受益地区探索建立横向生态保护补偿机制,共同分担生态保护任务。

(5)加强生态保护与修复。实施生态保护红线保护与修复,作为山水林田湖生态保护和修复工程的重要内容。以县级行政区为基本单元建立生态保护红线台账系统,制订实施生态系统保护与修复方案。优先保护良好生态系统和重要物种栖息地,建立和完善生态廊道,提高生态系统完整性和连通性。分区分类开展受损生态系统修复,采取以封禁为主的自然恢复措施,辅以人工修复,改善和提升生态功能。选择水源涵养和生物多样性维护为主导生态功能的生态保护红线,开展保护与修复示范。有条件的地区,可逐步推进生态移民,有序推动人口适度集中安置,降低人类活动强度,减小生态压力。按照陆海统筹、综合治理的原则,开展海洋国土空间生态保护红线的生态整治修复,切实强化生态保护红线及周边区域污染联防联治,重点加强生态保护红线内入海河流综合整治。

(6)建立监测网络和监管平台。原环境保护部、国家发展改革委、原国土资源部会同有关部门建设和完善生态保护红线综合监测网络体系,充分发挥地面生态系统、环境、气象、水文水资源、水土保持、海洋等监测站点和卫星的生态监测能力,布设相对固定的生态保护红线监控点位,及时获取生态保护红线监测数据。建立国家生态保护红线监管平台。依托国务院有关部门生态环境监管平台和大数据,运用云计算、物联网等信息化手段,加强监测数据集成分析和综合应用,强化生态气象灾害监测预警能力建设,全面掌握生态系统构成、分布与动态变化,及时评估和预警生态风险,提高生态保护红线管理决策科学化水平。实时监控人类干扰活动,及时发现破坏生态保护红线的行为,对监控发现的问题,通报当地政府,由有关部门依据各自职能组织开展现场核查,依法依规进行处理。2017 年年底前完成国家生态保护红线监管平台试运行。各省(自治区、直辖市)应依托国家生态保护红线监管平台,加强能力建设,建立本行政区监管体系,实施分层级监管,及时接收和反馈信息,核查和处理违法行为。

(7)开展定期评价。原环境保护部、国家发展改革委会同有关部门建立生态保护红线评价机制。从生态系统格局、质量和功能等方面,建立生态保护红线生态功能评价指标体系和方法。定期组织开展评价,及时掌握全国、重点区域、县域生态保护红线生态功能状况及动态变化,评价结果作为优化生态保护红线布局、安排县域生态保护补偿资金和实行领导干部生态环境损害责任追究的依据,并向社会公布。

(8)强化执法监督。各级环境保护部门和有关部门要按照职责分工加强生态保护红线执法监督。建立生态保护红线常态化执法机制,定期开展执法督查,不断提高执法规范化水平。及时发现和依法处罚破坏生态保护红线的违法行为,切实做到有案必查、违法必究。有关部门要加强与司法机关的沟通协调,健全行政执法与刑事司法联动机制。

(9)建立考核机制。原环境保护部、国家发展改革委会同有关部门,根据评价结果和目标任务完成情况,对各省(自治区、直辖市)党委和政府开展生态保护红线保护成效考核,并将考核结果纳入生态文明建设目标评价考核体系,作为党政领导班子和领导干部综合评价及责任追究、离任审计的重要参考。

(10)严格责任追究。对违反生态保护红线管控要求、造成生态破坏的部门、地方、单位和有关责任人员,按照有关法律法规和《党政领导干部生态环境损害责任追究办法(试行)》等规定实行责任追究。对推动生态保护红线工作不力的,区分情节轻重,予以诫勉、责令公开道歉、组织处理或党纪政纪处分,构成犯罪的依法追究刑事责任。对造成生态环境和资源严重破坏的,要实行终身追责,责任人不论是否已调离、提拔或者退休,都必须严格追责。

第三节 相关法律法规的有关规定

一、《中华人民共和国海洋环境保护法》

1. 适用范围及有关用语

《中华人民共和国海洋环境保护法》第二条规定：

"本法适用于中华人民共和国内水、领海、毗连区、专属经济区、大陆架以及中华人民共和国管辖的其他海域。

在中华人民共和国管辖海域内从事航行、勘探、开发、生产、旅游、科学研究及其他活动，或者在沿海陆域内从事影响海洋环境活动的任何单位和个人，都必须遵守本法。

在中华人民共和国管辖海域以外，造成中华人民共和国管辖海域污染的，也适用本法。"

《中华人民共和国海洋环境保护法》的适用范围不仅从空间上，而且从行为活动以及行为活动的主体个人与单位上都作了规定。

《中华人民共和国海洋环境保护法》第九十四条规定了有关用语的含义：

（1）海洋环境污染损害，是指直接或者间接地把物质或者能量引入海洋环境，产生损害海洋生物资源、危害人体健康、妨害渔业和海上其他合法活动、损害海水使用素质和减损环境质量等有害影响。

（2）内水，是指我国领海基线向内陆一侧的所有海域。

（3）滨海湿地，是指低潮时水深浅于6米的水域及其沿岸浸湿地带，包括水深不超过6米的永久性水域、潮间带（或洪泛地带）和沿海低地等。

（4）海洋功能区划，是指依据海洋自然属性和社会属性，以及自然资源和环境特定条件，界定海洋利用的主导功能和使用范畴。

（5）渔业水域，是指鱼虾类的产卵场、索饵场、越冬场、洄游通道和鱼虾贝藻类的养殖场。

2. 海洋生态保护

国务院和沿海地方各级人民政府应当采取有效措施，保护海洋生态及其特殊区域。《中华人民共和国海洋环境保护法》规定：

"**第二十条** 国务院和沿海地方各级人民政府应当采取有效措施，保护红树林、珊瑚礁、滨海湿地、海岛、海湾、入海河口、重要渔业水域等具有典型性、代表性的海洋生态系统,珍稀、濒危海洋生物的天然集中分布区,具有重要经济价值的海洋生物生存区域及有重大科学文化价值的海洋自然历史遗迹和自然景观。

对具有重要经济、社会价值的已遭到破坏的海洋生态,应当进行整治和恢复。"

国务院有关部门和沿海省级人民政府应当根据保护海洋生态的需要,选划、建立海洋自然保护区。《中华人民共和国海洋环境保护法》规定:

"**第二十一条** 国务院有关部门和沿海省级人民政府应当根据保护海洋生态的需要,选划、建立海洋自然保护区。

国家级海洋自然保护区的建立,须经国务院批准。

第二十二条 凡具有下列条件之一的,应当建立海洋自然保护区:

(1)典型的海洋自然地理区域、有代表性的自然生态区域,以及遭受破坏但经保护能恢复的海洋自然生态区域;

(2)海洋生物物种高度丰富的区域,或者珍稀、濒危海洋生物物种的天然集中分布区域;

(3)具有特殊保护价值的海域、海岸、岛屿、滨海湿地、入海河口和海湾等;

(4)具有重大科学文化价值的海洋自然遗迹所在区域;

(5)其他需要予以特殊保护的区域。

第二十三条 凡具有特殊地理条件、生态系统、生物与非生物资源及海洋开发利用特殊需要的区域,可以建立海洋特别保护区,采取有效的保护措施和科学的开发方式进行特殊管理。"

开发利用海洋资源、引进海洋动植物物种、开发海岛及周围海域的资源应遵守《中华人民共和国海洋环境保护法》:

"**第二十四条** 国家建立健全海洋生态保护补偿制度。

开发利用海洋资源,应当根据海洋功能区划合理布局,不得造成海洋生态环境破坏。

第二十五条 引进海洋动植物物种,应当进行科学论证,避免对海洋生态系统造成危害。

第二十六条 开发海岛及周围海域的资源,应当采取严格的生态保护措施,不得造成海岛地形、岸滩、植被以及海岛周围海域生态环境的破坏。"

《中华人民共和国海洋环境保护法》还规定:

"**第二十七条** 沿海地方各级人民政府应结合当地自然环境的特点,建设海岸防护措施、沿海防护林、沿海城镇园林和绿地,对海岸侵蚀和海水入侵地区进行综合治理。

禁止毁坏海岸防护设施、沿海防护林、沿海城镇园林和绿地。

第二十八条　国家鼓励发展生态渔业建设,推广多种生态渔业生产方式,改善海洋生态状况。

新建、改建、扩建海水养殖场,应当进行环境影响评价。

海水养殖应当科学确定养殖密度,并应当合理投饵、施肥,正确使用药物,防止造成海洋环境的污染。"

3. 海域排污的有关规定

《中华人民共和国海洋环境保护法》第三十条规定:

"入海排污口位置的选择,应当根据海洋功能区划、海水动力条件和有关规定,经科学论证后,报设区的市级以上人民政府环境保护行政主管部门备案。

环境保护行政主管部门应当在完成备案后十五个工作日内将入海排污口设置情况通报海洋、海事、渔业行政主管部门和军队环境保护部门。

在海洋自然保护区、重要渔业水域、海滨风景名胜区和其他需要特别保护的区域,不得新建排污口。

在有条件的地区,应当将排污口深海设置,实行离岸排放。设置陆源污染物深海离岸排放排污口,应当根据海洋功能区划、海水动力条件和海底工程设施的有关情况确定,具体办法由国务院规定。"

为防止陆源污染物污染海洋环境,法律规定排污单位设置入海排污口时,应该遵循一定的要求并且获得有关部门的审批。

陆源污染物是指从陆地污染源向海域排放的可能造成海洋环境污染的污染物质。陆地污染源是指从陆地向海域排放污染物,造成或者可能造成海洋环境污染的场所、设施等。

第三十三条和第三十五条规定:

"**第三十三条**　禁止向海域排放油类、酸液、碱液、剧毒废液和高、中水平放射性废水。

严格限制向海域排放低水平放射性废水;确需排放的,必须严格执行国家辐射防护规定。

严格控制向海域排放含有不易降解的有机物和重金属的废水。

第三十五条　含有机物和营养物质的工业废水、生活污水,应当严格控制向海湾、半封闭海及其他自净能力较差的海域排放。"

根据向海域排放的污染源污染物种类、性质不同,对特殊污染源分别实行禁止、严格限制和严格控制排放。禁止油类、酸液、剧毒废液和高、中水平放射性废水向海域排放。

严格限制低水平放射性废水向海域排放,确需排放的,必须严格执行国家辐射防护规定;要严格控制含有不易降解的有机物和重金属的废水向海域排放,还应严格控制含有机物和营养物质的工业废水、生活污水,向海湾、半封闭海及其他自净能力较差的海域排放。

第三十四条和第三十六条规定:

"**第三十四条** 含病原体的医疗污水、生活污水和工业废水必须经过处理,符合国家有关排放标准后,方能排入海域。

第三十六条 向海域排放含热废水,必须采取有效措施,保证邻近渔业水域的水温符合国家海洋环境质量标准,避免热污染对水产资源的危害。"

有些特殊污染物的排放是法律所允许的,但是鉴于其特殊性,在排放时必须采取有效措施进行处理或者予以限制。含病原体的医疗污水、生活污水、工业废水和含热废水必须采取有效措施处理并符合国家有关标准后,方能向海域排放。但要严格控制含有不易降解的有机物和重金属的废水向海域排放。还应严格控制含有机物和营养物质的工业废水、生活污水,向海湾、半封闭海及其他自净能力较差的海域排放。

二、《中华人民共和国防治海岸工程建设项目污染损害海洋环境管理条例》

《中华人民共和国防治海岸工程建设项目污染损害海洋环境管理条例》于1990年5月25日经国务院第六十一次常务会议通过,1990年6月25日国务院令第62号公布。2007年9月25日,根据国务院令第507号《国务院关于修改〈中华人民共和国防治海岸工程建设项目污染损害海洋环境管理条例〉的决定》修订,自2008年1月1日起施行。根据2017年3月1日国务院令第676号《国务院关于修改和废止部分行政法规的决定》第二次修订。根据2018年3月19日国务院令第698号《国务院关于修改和废止部分行政法规的决定》第三次修订。

1. 海岸工程建设项目的法律定义及范围

《中华人民共和国防治海岸工程建设项目污染损害海洋环境管理条例》规定:

"**第二条** 本条条例所称海岸工程建设项目,是指位于海岸或者与海岸连

接,工程主体位于海岸线向陆一侧,对海洋环境产生影响的新建、改建、扩建工程项目。具体包括:

(1)港口、码头、航道、滨海机场工程项目;

(2)造船厂、修船厂;

(3)滨海火电站、核电站、风电站;

(4)滨海物资存储设施工程项目;

(5)滨海矿山、化工、轻工、冶金等工业工程项目;

(6)固体废弃物、污水等污染物处理处置排海工程项目;

(7)滨海大型养殖场;

(8)海岸防护工程、砂石场和入海河口处的水利设施;

(9)滨海石油勘探开发工程项目;

(10)国务院环境保护主管部门会同国家海洋主管部门规定的其他海岸工程项目。"

2. 建设各类海岸工程建设项目应采取的环境保护措施

《中华人民共和国防治海岸工程建设项目污染损害海洋环境管理条例》规定:

"**第十四条**　建设港口、码头,应当设置与其吞吐能力和货物种类相适应的防污设施。

港口、油码头、化学危险品码头,应当配备海上重大污染损害事故应急设备和器材。

现有港口、码头未达到前两款规定要求的,由环境保护主管部门会同港口、码头主管部门责令其限期设置或者配备。

第十五条　建设岸边造船厂、修船厂,应当设置与其性质、规模相适应的残油、废油接收处理设施,含油废水接收处理设施,拦油、收油、消油设施,工业废水接收处理设施,工业和船舶垃圾接收处理设施等。

第十六条　建设滨海核电站和其他核设施,应当严格遵守国家有关核环境保护和放射防护的规定及标准。

第十七条　建设岸边油库,应当设置含油废水接收处理设施,库场地面冲刷废水的集接、处理设施和事故应急设施;输油管线和储油设施应当符合国家关于防渗漏、防腐蚀的规定。

第十八条　建设滨海矿山,在开采、选矿、运输、贮存、冶炼和尾矿处理等过程中,应当按照有关规定采取防止污染损害海洋环境的措施。

第十九条 建设滨海垃圾场或者工业废渣填埋场,应当建造防护堤坝和场底封闭层,设置渗流收集、导出、处理系统和可燃性气体防爆装置。

第二十条 修筑海岸防护工程,在入海河口处兴建水利设施、航道或者综合整治工程,应当采取措施,不得损害生态环境及水产资源。

第二十一条 兴建海岸工程建设项目,不得改变、破坏国家和地方重点保护的野生动植物的生存环境。不得兴建可能导致重点保护的野生动植物生存环境污染和破坏的海岸工程建设项目;确需兴建的,应当征得野生动植物行政主管部门同意,并由建设单位负责组织采取易地繁育等措施,保证物种延续。

在鱼、虾、蟹、贝类的洄游通道建闸、筑坝,对渔业资源有严重影响的,建设单位应当建造过鱼设施或者采取其他补救措施。"

3. 禁止兴建的海岸工程建设项目

《中华人民共和国防治海岸工程建设项目污染损害海洋环境管理条例》规定:

"**第九条** 禁止兴建向中华人民共和国海域及海岸转嫁污染的中外合资经营企业、中外合作经营企业和外资企业;海岸工程建设项目引进技术和设备,应当有相应的防治污染措施,防止转嫁污染。

第十条 在海洋特别保护区、海上自然保护区、海滨风景游览区、盐场保护区、海水浴场、重要渔业水域和其他需要特殊保护的区域内不得建设污染环境、破坏景观的海岸工程建设项目;在其区域外建设海岸工程建设项目的,不得损害上述区域的环境质量。法律法规另有规定的除外。

第二十三条 禁止在红树林和珊瑚礁生长的地区,建设毁坏红树林和珊瑚礁生态系统的海岸工程建设项目。"

三、《防治海洋工程建设项目污染损害海洋环境管理条例》

《防治海洋工程建设项目污染损害海洋环境管理条例》于 2006 年 8 月 30 日经国务院第 148 次常务会议通过,2006 年 9 月 19 日国务院第 475 号令公布,自 2006 年 11 月 1 日起施行。根据 2017 年 3 月 1 日《国务院关于修改和废止部分行政法规的决定》修订。根据 2018 年 3 月 19 日《国务院关于修改和废止部分行政法规的决定》第二次修订。

1. 海洋工程建设项目的法律定义及范围

《防治海洋工程建设项目污染损害海洋环境管理条例》规定:

"**第三条** 本条例所称海洋工程,是指以开发、利用、保护、恢复海洋资源为

目的,并且工程主体位于海岸线向海一侧的新建、改建、扩建工程。具体包括:

(1)围填海、海上堤坝工程;

(2)人工岛、海上和海底物资储藏设施、跨海桥梁、海底隧道工程;

(3)海底管道、海底电(光)缆工程;

(4)海洋矿产资源勘探开发及其附属工程;

(5)海上潮汐电站、波浪电站、温差电站等海洋能源开发利用工程;

(6)大型海水养殖场、人工鱼礁工程;

(7)盐田、海水淡化等海水综合利用工程;

(8)海上娱乐及运动、景观开发工程;

(9)国家海洋主管部门会同国务院环境保护主管部门规定的其他海洋工程。"

2. 海洋工程的污染防治

《防治海洋工程建设项目污染损害海洋环境管理条例》规定:

"**第二十条**　严格控制围填海工程。禁止在经济生物的自然产卵场、繁殖场、索饵场和鸟类栖息地进行围填海活动。

围填海工程使用的填充材料应当符合有关环境保护标准。

第二十八条　海洋工程需要拆除或者改作他用的,应当在作业前报原核准该工程环境影响报告书的海洋主管部门备案。拆除或者改变用途后可能产生重大环境影响的,应当进行环境影响评价。

海洋工程需要在海上弃置的,应当拆除可能造成海洋环境污染损害或者影响海洋资源开发利用的部分,并按照有关海洋倾倒废弃物管理的规定进行。

海洋工程拆除时,施工单位应当编制拆除的环境保护方案,采取必要的措施,防止对海洋环境造成污染和损害。"

3. 污染物排放管理

《防治海洋工程建设项目污染损害海洋环境管理条例》规定:

"**第二十九条**　海洋油气矿产资源勘探开发作业中产生的污染物的处置,应当遵守下列规定:

(1)含油污水不得直接或者经稀释排放入海,应当经处理符合国家有关排放标准后再排放;

(2)塑料制品、残油、废油、油基泥浆、含油垃圾和其他有毒有害残液残渣,不得直接排放或者弃置入海,应当集中储存在专门容器中,运回陆地处理。

第三十条　严格控制向水基泥浆中添加油类,确需添加的,应当如实记录并向原核准该工程环境影响报告书的海洋主管部门报告添加油的种类和数量。

禁止向海域排放含油量超过国家规定标准的水基泥浆和钻屑。

第三十一条 建设单位在海洋工程试运行或者正式投入运行后,应当如实记录污染物排放设施,处理设备的运转情况及其污染物的排放、处置情况,并按照国家海洋主管部门的规定,定期向原核准该工程环境影响报告书的海洋主管部门报告。

第三十二条 县级以上人民政府海洋主管部门,应当按照各自的权限核定海洋工程排放污染物的种类、数量,根据国务院价格主管部门和财政部门制定的收费标准确定排污者应当缴纳的排污费数额。

排污者应当到指定的商业银行缴纳排污费。

第三十三条 海洋油气矿产资源勘探开发作业中应当安装污染物流量自动监控仪器,对生产污水、机舱污水和生活污水的排放进行计量。

第三十四条 禁止向海域排放油类、酸液、碱液、剧毒废液和高、中水平放射性废水;严格限制向海域排放低水平放射性废水,确需排放的,应当符合国家放射性污染防治标准。

严格限制向大气排放含有毒物质的气体,确需排放的,应当经过净化处理,并不得超过国家或者地方规定的排放标准;向大气排放含放射性物质的气体,应当符合国家放射性污染防治标准。

严格控制向海域排放含有不易降解的有机物和重金属的废水;其他污染物的排放应当符合国家或者地方标准。"

第四节 环境影响评价工程师职业资格制度

从 1990 年开始,国家对环境影响评价人员进行环境影响评价政策法规和技术的业务培训,颁发岗位培训证书。随着人事制度的改革,根据我国对专业技术人员"淡化职称,强化岗位管理,在关系公众利益和国家安全的关键技术岗位大力推行职业资格"的总体要求,国家对从事环境影响评价工作的专业技术人员实行了职业资格制度。

一、环境影响评价工程师职业资格制度的实施目的

为了加强对环境影响评价专业技术人员的管理,规范环境影响评价行为,强化环境影响评价责任,提高环境影响评价专业技术人员素质和业务水平,维护国家环境安全和公众利益,人事部、国家环境保护总局于 2004 年 2 月 16 日

联合发布了《关于印发〈环境影响评价工程师职业资格制度暂行规定〉、〈环境影响评价工程师职业资格考试实施办法〉和〈环境影响评价工程师职业资格考核认定办法〉的通知》(国人部发〔2004〕13号)。规定从2004年4月1日起在全国实施环境影响评价工程师职业资格制度。

环境影响评价工程师职业资格制度适用于从事规划和建设项目环境影响评价、技术评估和竣工环境保护验收等工作的专业技术人员,凡从事环境影响评价、技术评估和竣工环境保护验收的单位,应配备环境影响评价工程师。环境影响评价工程师职业资格制度纳入全国专业技术人员职业资格证书制度统一管理。

二、环境影响评价工程师职业资格考试

环境影响评价工程师考试设《环境影响评价相关法律法规》、《环境影响评价技术导则与标准》、《环境影响评价技术方法》和《环境影响评价案例分析》4个科目,各科目的考试时间均为3小时,采用闭卷笔答方式,考试时间为每年的第二季度。

申请报名参加环境影响评价工程师职业资格考试,必须满足以下条件:

(1)环境保护相关专业的技术人员:大专学历需要7年的环境影响评价工作经历;本科学历或学士学位,需要5年的环境影响评价工作经历;硕士研究生学历或硕士学位,需要2年的环境影响评价工作经历;博士研究生学历或博士学位,需要1年的环境影响评价工作经历。

(2)其他专业的技术人员:大专学历需要8年的环境影响评价工作经历;本科学历或学士学位,需要6年的环境影响评价工作经历;硕士研究生学历或硕士学位,需要3年的环境影响评价工作经历;博士研究生学历或博士学位,需要2年的环境影响评价工作经历。

三、环境影响评价从业人员职业道德规范

为规范环境影响评价从业人员职业行为,提高从业人员职业道德水准,促进行业健康有序发展,2010年6月环境保护部制定了《环境影响评价从业人员职业道德规范(试行)》。该规范所称从业人员是指在承担环境影响评价、技术评估、"三同时"环境监理、竣工环境保护验收监测或调查工作的单位从事相关工作的人员,包括环境影响评价工程师、建设项目环境影响评价岗位证书持有人员、技术评估人员、接受评估机构聘请从事评审工作的专家、验收监测人员、验收调查人员以及其他相关人员等。规范的主要内容如下:

环境影响评价从业人员应当自觉践行社会主义核心价值体系，遵行职业操守，规范日常行为，坚持做到依法遵规、公正诚信、忠于职守、服务社会、廉洁自律。

1. 依法遵规

(1)自觉遵守法律法规，拥护党和国家制定的路线方针政策。

(2)遵守环保行政主管部门的相关规章和规范性文件，自觉接受管理部门、社会各界和人民群众的监督。

2. 公正诚信

(1)不弄虚作假、歪曲事实，不隐瞒真实情况，不编造数据信息，不给出有歧义或者误导性的工作结论。积极阻止对其所做工作或由其直到完成工作的歪曲和误用。

(2)如实向建设单位介绍环评相关政策要求。对建设项目存在违反国家产业政策或者环保准入规定等情形的，要及时通告。

(3)不出借、出租个人有关资格证书、岗位证书，不以个人名义私自承接有关业务，不在本人未参与编制的有关技术文件中署名。

(4)为建设单位和所在单位保守技术和商业秘密，不得利用工作中知悉的信息谋取不正当利益。

3. 忠于职守

(1)在维护社会公众合法环境权益的前提下，严格依照有关技术规范和规定开展从业活动。

(2)具备必要的专业知识与技能，不提供本人不能胜任的服务。

(3)技术评估、验收监测、验收调查人员、评审专家与建设单位、环评机构或有关人员存在直接利害关系的，应当在相关工作中予以回避。

4. 服务社会

(1)在任何时候都必须把保护自然环境、人类健康安全置于所有地区、企业和个人利益之上，追求环境效益、社会效益、经济效益的和谐统一。

(2)加强学习，积极参加相关专业培训教育和学术活动，不断提高工作水平和业务技能。

(3)秉持勤奋的工作态度，严谨认真，提供高质量、高效率服务。

5. 廉洁自律

(1)不接受项目建设单位赠送的礼品、礼金和有价证券，不向环保行政主管部门管理人员赠送礼品、礼金和有价证券，也不邀请其参加可能影响公正执行公务的旅游、健身、娱乐等活动。

（2）自觉维护所在单位及个人的职业形象，不从事有不良影响的活动。

（3）加强同业人员间的交流与合作，形成良性竞争格局，尊重同行，不诋毁、贬低同行业其他单位及其从业人员。

第五节　建设项目环境影响评价行为准则和法律责任

一、建设项目环境影响评价行为准则

为了规范建设项目环境影响评价行为，加强建设项目环境影响评价管理和廉政建设，保证建设项目环境保护管理工作廉洁高效依法进行，国家环境保护总局于 2005 年 11 月 23 日发布了《建设项目环境影响评价行为准则与廉政规定》（国家环境保护总局令第 30 号）。其中规定承担建设项目环境影响评价的机构或者其环境影响评价技术人员，应遵守以下行为准则：

"第四条　承担建设项目环境影响评价工作的机构（以下简称"评价机构"）或者其环境影响评价技术人员，应当遵守下列规定：

（一）评价机构及评价项目负责人应当对环境影响评价结论负责；

（二）建立严格的环境影响评价文件质量审核制度和质量保证体系，明确责任，落实环境影响评价质量保证措施，并接受环境保护行政主管部门的日常监督检查；

（三）不得为违反国家产业政策以及国家明令禁止建设的建设项目进行环境影响评价；

（四）必须依照有关的技术规范要求编制环境影响评价文件；

（五）应当严格执行国家和地方规定的收费标准，不得随意抬高或压低评价费用或者采取其他不正当竞争手段；

（六）评价机构应当按照相应环境影响评价资质等级、评价范围承担环境影响评价工作，不得无任何正当理由拒绝承担环境影响评价工作；

（七）不得转包或者变相转包环境影响评价业务，不得转让环境影响评价资质证书；

（八）应当为建设单位保守技术秘密和业务秘密；

（九）在环境影响评价工作中不得隐瞒真实情况、提供虚假材料、编造数据或者实施其他弄虚作假行为；

（十）应当按照环境保护行政主管部门的要求，参加其所承担环境影响评价工作的建设项目竣工环境保护验收工作，并如实回答验收委员会（组）提出的问题；

（十一）不得进行其他妨碍环境影响评价工作廉洁、独立、客观、公正的活动。"

二、建设单位及技术单位的法律责任

《中华人民共和国环境保护法》第六十一条规定：

"建设单位未依法提交建设项目环境影响评价文件或者环境影响评价文件未经批准，擅自开工建设的，由负有环境保护监督管理职责的部门责令停止建设，处以罚款，并可以责令恢复原状。"

《中华人民共和国环境保护法》第六十三条中有如下规定：建设项目未依法进行环境影响评价，被责令停止建设，拒不执行，尚不构成犯罪的，除依照有关法律法规规定对建设单位予以处罚外，由县级以上人民政府环境保护主管部门或者其他有关部门将案件移送公安机关，对其直接负责的主管人员和其他直接责任人员，处十日以上十五日以下拘留；情节较轻的，处五日以上十日以下拘留。

《中华人民共和国环境影响评价法》第三十一条规定：

"建设单位未依法报批建设项目环境影响报告书、报告表，或者未依照本法第二十四条的规定重新报批或者重新审核环境影响报告书、报告表，擅自开工建设的，由县级以上生态环境主管部门责令停止建设，根据违法情节和危害后果，处建设项目总投资额百分之一以上百分之五以下的罚款，并可以责令恢复原状；对建设单位直接负责的主管人员和其他直接责任人员，依法给予行政处分。

建设项目环境影响报告书、报告表未经批准或者未经原审批部门重新审核同意，建设单位擅自开工建设的，依照前款的规定处罚、处分。

建设单位未依法备案建设项目环境影响登记表的，由县级以上生态环境主管部门责令备案，处五万元以下的罚款。

海洋工程建设项目的建设单位有本条所列违法行为的，依照《中华人民共和国海洋环境保护法》的规定处罚。"

《中华人民共和国环境影响评价法》第二十条规定：

"建设单位应当对建设项目环境影响报告书、环境影响报告表的内容和结论负责，接受委托编制建设项目环境影响报告书、环境影响报告表的技术单位对其编制的建设项目环境影响报告书、环境影响报告表承担相应责任。

设区的市级以上人民政府生态环境主管部门应当加强对建设项目环境影

响报告书、环境影响报告表编制单位的监督管理和质量考核。

负责审批建设项目环境影响报告书、环境影响报告表的生态环境主管部门应当将编制单位、编制主持人和主要编制人员的相关违法信息记入社会诚信档案，并纳入全国信用信息共享平台和国家企业信用信息公示系统向社会公布。"

《中华人民共和国环境影响评价法》第三十二条规定：

"建设项目环境影响报告书、环境影响报告表存在基础资料明显不实，内容存在重大缺陷、遗漏或者虚假，环境影响评价结论不正确或者不合理等严重质量问题的，由设区的市级以上人民政府生态环境主管部门对建设单位处五十万元以上二百万元以下的罚款，并对建设单位的法定代表人、主要负责人、直接负责的主管人员和其他直接责任人员，处五万元以上二十万元以下的罚款。

接受委托编制建设项目环境影响报告书、环境影响报告表的技术单位违反国家有关环境影响评价标准和技术规范等规定，致使其编制的建设项目环境影响报告书、环境影响报告表存在基础资料明显不实，内容存在重大缺陷、遗漏或者虚假，环境影响评价结论不正确或者不合理等严重质量问题的，由设区的市级以上人民政府生态环境主管部门对技术单位处所收费用三倍以上五倍以下的罚款；情节严重的，禁止从事环境影响报告书、环境影响报告表编制工作；有违法所得的，没收违法所得。

编制单位有本条第一款、第二款规定的违法行为的，编制主持人和主要编制人员五年内禁止从事环境影响报告书、环境影响报告表编制工作；构成犯罪的，依法追究刑事责任，并终身禁止从事环境影响报告书、环境影响报告表编制工作。"

三、环境影响评价编制、审批部门及其工作人员的法律责任

《中华人民共和国环境影响评价法》规定：

"**第二十九条** 规划编制机关违反本法规定，未组织环境影响评价，或者组织环境影响评价时弄虚作假或者有失职行为，造成环境影响评价严重失实的，对直接负责的主管人员和其他直接责任人员，由上级机关或者监察机关依法给予行政处分。

第三十条 规划审批机关对依法应当编写有关环境影响的篇章或者说明而未编写的规划草案，依法应当附送环境影响报告书而未附送的专项规划草案，违法予以批准的，对直接负责的主管人员和其他直接责任人员，由上级机关或者监察机关依法给予行政处分。

......

第三十三条　负责审核、审批、备案建设项目环境影响评价文件的部门在审批、备案中收取费用的,由其上级机关或者监察机关责令退还;情节严重的,对直接负责的主管人员和其他直接责任人员依法给予行政处分。

第三十四条　生态环境主管部门或者其他部门的工作人员徇私舞弊,滥用职权,玩忽职守,违法批准建设项目环境影响评价文件的,依法给予行政处分;构成犯罪的,依法追究刑事责任。"

《建设项目环境保护管理条例》第二十六条规定:

"环境保护行政主管部门的工作人员徇私舞弊、滥用职权、玩忽职守,构成犯罪的,依法追究刑事责任;尚不构成犯罪的,依法给予行政处分。"

《中华人民共和国环境影响评价法》第二十五条和第二十八条分别规定:

"第二十五条　建设项目的环境影响评价文件未依法经审批部门审查或者审查后未予批准的,建设单位不得开工建设。

第二十八条　生态环境主管部门应当对建设项目投入生产或者使用后所产生的环境影响进行跟踪检查,对造成严重环境污染或者生态破坏的,应当查清原因、查明责任。对属于建设项目环境影响报告书、环境影响报告表存在基础资料明显不实,内容存在重大缺陷、遗漏或者虚假,环境影响评价结论不正确或者不合理等严重质量问题的,依照本法第三十二条的规定追究建设单位及其相关责任人员和接受委托编制建设项目环境影响报告书、环境影响报告表的技术单位及其相关人员的法律责任;属于审批部门工作人员失职、渎职,对依法不应批准的建设项目环境影响报告书、环境影响报告表予以批准的,依照本法第三十四条的规定追究其法律责任。"

负责审批建设项目环境影响评价文件的部门是指,有审批权的生态环境主管部门。

违法批准建设项目环境影响评价文件包括:未按分类管理规定编报环境影响评价而受理批准的;环境影响评价文件有严重漏项或错误,批准后建设项目实施造成重大环境影响和经济损失的;应征求公众意见而未征求,造成环境影响和不良社会影响的;越权受理和批准的建设项目环境影响评价文件等。

四、刑事责任的有关处罚规定

《中华人民共和国环境影响评价法》第三十二条、第三十四条对编制单位、编制主持人和主要编制人员、审批部门工作人员的犯罪行为作出了处罚规定:构成犯罪的,依法追究刑事责任。

《中华人民共和国刑法》第三百九十七条第一款和第二款对此类犯罪行为

的处罚有具体规定：

"国家机关工作人员滥用职权或者玩忽职守,致使公共财产、国家和人民利益遭受重大损失的,处三年以下有期徒刑或者拘役;情节特别严重的,处三年以上七年以下有期徒刑。本法另有规定的,依照规定。

国家机关工作人员徇私舞弊,犯前款罪的,处五年以下有期徒刑或者拘役;情节特别严重的,处五年以上十年以下有期徒刑。本法另有规定的,依照规定。"

第六节　港口航道与海岸工程的环境可行性分析

港口航道与海岸工程环境影响评价工作应分析、评价工程建设与海洋功能区划和海洋环境保护规划的符合性,与区域和行业规划的符合性,工程建设与国家产业政策、清洁生产政策、节能减排政策、循环经济政策、集约节约用海政策等的符合性,工程选址(选线)合理性,工程平面布置和建设方案的合理性,分析评价工程建设引发的污染类、生态类环境影响的可接受性,阐明建设项目的环境可行性分析评价结论。

一、与海洋功能区划和海洋环境保护规划的符合性

我国《海洋环境保护法》第四十七条第一款规定:"海洋工程建设项目必须符合全国海洋主体功能区规划、海洋功能区划、海洋环境保护规划和国家有关环境保护标准。"《防治海洋工程建设项目污染损害海洋环境管理条例》第五条规定:"海洋工程的选址和建设应当符合海洋功能区划、海洋环境保护规划和国家有关环境保护标准,不得影响海洋功能区的环境质量或者损害相邻海域的功能。"

《国务院关于全国海洋功能区划的批复》指出:"海洋功能区划是海域使用管理和海洋环境保护的依据,具有法定效力,必须严格执行。"海洋工程的选址和建设要符合海洋功能区划的要求,在近岸海域的还要符合近岸海域环境功能区划的要求。

建设项目的选址、类型和规模应符合现行有效的海洋功能区划和海洋环境保护规划的要求。应给出详细、准确并带有图例的海洋功能区划图、海洋环境保护规划图和相应的海洋功能区登记表等文字说明内容,明确海洋功能和环境质量的要求;阐明建设项目与海洋功能区划和海洋环境保护规划的符合性分析结果。

二、与区域和行业规划及规划环评的符合性

建设项目环境影响评价应分析该项目建设与区域和行业规划相关规划及规划环评的相符性。为此,在环境影响报告书相应章节中应设专节,说明海洋工程建设项目所在地的区域和行业规划及规划环评的开展情况,如城市总体规划、区域经济发展规划、港口开发规划等,相关规划环评的详细要求及其审查批复主要意见;在环境影响报告书相关章节中应设专节说明相关规划中与本项目建设相关的规划要求,分析本项目与相关规划的相符性,包括:建设项目的选址、类型和规模应符合海洋经济发展规划、区域发展规划、城市发展规划、行业发展规划等现行有效的相关规划的内容和要求。应阐明详细、准确并带有图件、图例的相关规划及相应的文字内容;阐明建设项目与区域和行业规划的符合性的符合性分析结果。

三、工程建设的政策符合性

应分析、评价建设项目与国家产业政策的符合性,所采用的技术措施和环境对策与清洁生产政策、节能减排政策、循环经济政策、集约节约用海政策、环境保护标准等的符合性,给出具体的分析评价结果。

四、项目选址(线)与布置的环境合理性

项目选址(线)与布置的环境合理性分析是海洋工程环境影响评价中应予以关注的重要评价内容,宜在深入开展分项环境影响评价的基础上进行分析,必要时设专章进行分析论证。

项目选址、选线,顾名思义,需要有备选的项目位置、线路以及相关建设内容,项目建设内容的具体布置往往也需要进行多方案比较。因此,应首先对比选方案概况进行介绍,然后再分析不同方案与海洋功能区划、城市总体规划等相关规划以及受影响保护区管理要求的相符性,以及自然基础条件和社会条件的适宜性,最后对不同方案的优缺点进行列表对比分析,并提出综合分析结论及环评推荐方案。

从项目的选址合理性分析开始,就必须对项目涉及的环境制约因素给予判定,就海洋环境而言,要了解项目所在区域的海洋环境功能区划及环境质量控制指标,对可能涉及的环境制约因素进行调查分析。所谓环境制约因素主要包括重要的生态资源水产资源保护区、产卵场、洄游路径、近岸海水浴场、海水增养殖区等。国家现行相关法律法规对上述区域都有严格的保护控制要求,一般

情况下,若无法回避,则项目位置从环境保护角度是不适宜的。

通过对海洋工程建设项目的选址(选线)、工程平面布置方案和建设方案进行比选和优化,分析、评价其环境合理性,有助于尽可能降低工程建设对海洋环境的影响。

五、污染类、生态类环境影响的可接受性

应依据环境现状、环境影响预测的结果,分析工程建设产生的污染、非污染环境影响的性质、范围、程度,评估其环境压力和隐患,评价其环境影响的可接受性。

应从建设项目向海域排放的污染物种类、浓度、数量、排放方式、混合区范围,对评价海域和周边海域的海洋环境、海洋生态和生物资源、主要环境保护目标和环境敏感目标的影响性质、范围、程度,对水动力环境、地形地貌与冲淤环境不可逆影响的范围、程度,产生环境风险或环境隐患的概率、影响性质、范围等方面,详细分析其环境影响的可接受性,明确评价结论。

第三章　工程分析

工程分析是对港口航道与海岸工程的项目规划、可行性研究和设计等文件资料和数据进行综合归纳，结合工程所在海区的环境特征和海洋功能区划等情况，为港口航道与海岸工程环境影响进行预测和评价提供基础数据，为港口航道与海岸工程环境管理、环境监控和采取相应的环保措施提供依据，为环境影响预测计算和评价提供主要评价参数，为核查污染物达标排放状况、执行污染物排放总量控制目标、评述污染预防控制措施的完整性和先进性等提供依据，从而为建设项目正确决策提供科学依据。

第一节　工程概况

一、基本内容

工程概况主要内容一般包括建设项目名称、建设单位、建设性质（新建、改建、扩建）、建设地点（附项目所在区域的地理位置图）、项目组成及建设内容、主要经济技术指标、建设工期、生产天数、公用工程和环保工程等。

应详细阐明建设项目的工程概况，注重以下内容：

（1）建设项目的名称、地点，地理位置（应附平面位置图），建设规模与投资规模（扩建项目应说明原有规模）；

（2）建设项目的总体布置（应附总体布置图）、建设内容、典型结构布置图、剖面图，主要工程结构的布置、结构和尺度；

（3）建设项目的辅助和配套设施，依托的公用设施（包括给排水、供电、供热、通信等）；

（4）生产物流与工艺流程的特点，原（辅）材料、燃料及其储运，原（辅）材料、燃料等的理化性质、毒性、易燃易爆性等，用水量及排水量等；

（5）主体和附属工程的施工方案、施工方法、工程量及作业主要方法、作业时间等；

(6)建设项目利用海洋完成部分或全部功能的类型和利用方式、范围、面积和控制或利用海水、海床、海岸线和底土的类型和范围，包括占用海域、海岸线的类型、面积和长度，涉及的沿海陆域面积等。

二、港口类型

1. 港口的分类

按照功能分类包括商业港口、工业港、渔港、轮渡港、军港、旅游港。

按照自然条件分类包括海岸港、潟湖港、河港、湖港。

按照建设方式分类包括天然港和人工港。

按照等级分类，我国目前按照港口的重要性将港口划分为枢纽港、重要港及地方港三类。

按照港口建设项目类型划分为新建、扩建、改建、复建港口项目。

2. 港址选择

港口作为运输枢纽，服务于经济发展的需要，因此港口功能对港址的选择有特殊的要求，港址应具备的条件包括：水深及作业水域应满足船舶靠泊要求，有足够的作业天数，码头位置距岸较近，陆域应有足够的面积；具备集、疏运条件，满足港口运营需要的附属条件。

3. 港口水域

港口水域从广义来讲是港界范围内所包含的全部水域面积；港口水域按照所处位置可分为港外水域和港内水域两个部分。港外水域通常包括进出港航道和港外锚地两个重要组成部分。

由于水深、掩护、陆域条件和规模的不同，港内水域布置形式较多，按照其功能可划分为口门、船舶回转水域、泊位前停泊水域、码头前沿船舶操作水域、港池、制动水域和连接水域等。为说明港内水域功能，这里给出某港内水域功能组成示意图(图 3.1-1)。

港池是指港口内供船舶停泊、作业、驶离和转头操作用的水域。要求有足够的面积和水深，且风浪小和水流平稳。港池有的是由天然地势形成的；有的是由人工建筑物掩护而成的；有的是人工开挖海岸或河岸形成的(称挖入式港池)。

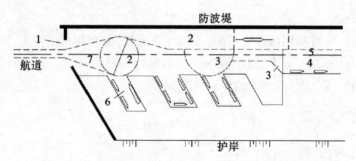

1—口门；2—船舶回旋水域；3—连接水域；4—泊位前停泊水域；

5—码头前沿船舶操作水域；6—港池；7—制动水域

图 3.1-1　港池水域功能组成

4. 港口陆域

按照功能区划分，可分为生产作业区、辅助生产区和生活区。

港口为提高专业化水平，实现高效快速的作业效率，一般按照货运性质划分为不同的港区，各个专业作业的港区都有较为明确的分工。大致上分为普通杂货码头作业区，集装箱码头作业区，干散货码头作业区，煤炭、矿石码头作业区，油码头和液体化工码头作业区。

各码头作业区的作业地带一般包括码头前沿作业地带、港口装卸机械设备、后方堆场、仓库、储罐区，陆域货物疏运系统，按照货物类型和运量设置的公路、铁路站场、管道装卸系统。港口后方按照需要设置必要的生产辅助设施和生活区。

三、码头结构类型

这里主要是指码头水工结构的类型。码头建筑物的结构形式繁多，按照其受力条件及工作特点大致可分为重力式、高桩梁板式、板桩式、墩式及浮码头等主要类型。

1. 重力式码头

重力式码头是靠结构自重（包括结构自身及其相应填料重量）来抵抗建筑物的滑动和倾覆，有方块、沉箱、扶壁、大直径圆筒等几种主要结构形式。图3.1-2为沉箱码头剖面示意图。

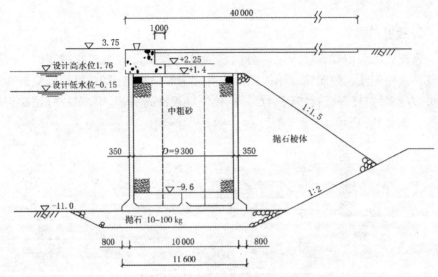

图 3.1-2　沉箱码头剖面示意图

2. 高桩梁板码头

高桩梁板码头是码头的主要结构形式之一,其特点是利用沉入地基一定深度的桩,将作用在码头上的荷载传至地基中。其结构形式可分为宽承台高桩梁板码头、窄承台高桩梁板码头(图 3.1-3)。

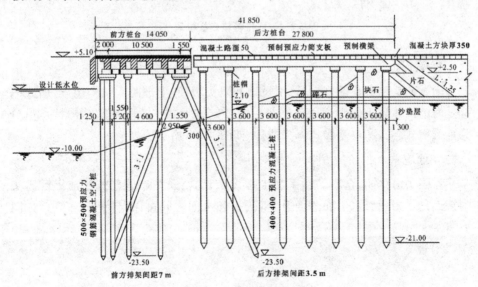

图 3.1-3　高桩梁板码头

3. 板桩式码头

板桩式码头依靠板桩入土部分的横向抗力和安设在上部的锚碇结构来保持其整体稳定性。按照锚碇结构的形式可分为无锚板桩码头、单拉杆锚碇板桩码头、双(多)拉杆锚碇板桩码头及斜拉桩锚碇板桩码头,其中,双拉杆锚碇板桩码头如图 3.1-4 所示。

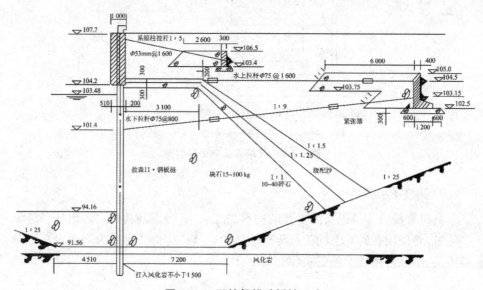

图 3.1-4　双拉杆锚碇板桩码头

4. 墩式码头

墩式码头由分离的基础墩(引桥墩和码头墩)和上部跨间结构组成,墩式码头是海港液体化工码头和散货码头的主要结构形式。按照基墩结构特点可分为重力墩式码头和桩基墩式码头两种,如图 3.1-5 所示。

5. 浮码头

浮码头由趸船、趸船的锚系和支撑设施、引桥及护岸等部分组成。浮码头的特点是趸船随着水位涨落而升降,码头和水面之间可以保持一个定值,如图 3.1-6 所示。

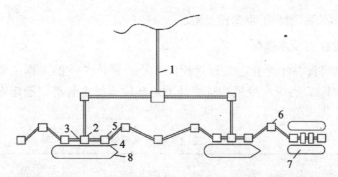

1—栈桥；2—工作平台；3—卸油臂；4—护舷；5—靠船墩；6—系船墩；7—工作船；8—油船

图 3.1-5 墩式码头平面布置示意图

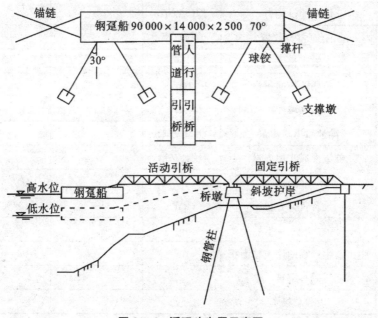

图 3.1-6 浮码头布置示意图

6. 特种及混合式码头

特种及混合式码头系指码头主体由两种或两种以上的结构形式组成。

四、工程建设规模和主要技术经济指标

1. 建设规模

建设规模主要指港口建设泊位数量、设计年吞吐量、货物种类，还涉及装卸

通过能力、储存周期和工程建设投资。

2. 主要经济技术指标

一般以码头吞吐量确定工程规模的大小。评价关注的工程主要技术经济指标见表 3.1-1。吞吐量规模和货物种类是环境保护主管部门确定审查级别的依据之一。

表 3.1-1　工程主要技术经济指标

序号	项目	单位	数量	
			第一方案	第二方案
1	码头吞吐量	万吨/年		
2	设计通过能力	万吨/年		
3	泊位等级/数量	万吨/座		
4	航道长度	m		
5	占用陆域面积	hm²		
6	占用水域面积	hm²		
7	港池航道疏浚量	万立方米		
8	陆域形成吹填方量	万立方米		
9	水下炸礁量	万立方米		
10	设备负荷容量	kW		
11	最高日用水量	m³		
12	生产及生产辅助建筑物面积	m²		
13	码头定员	人		
14	工程总投资	万元		

交通部有关设计规范对于不同类型和不同吨级的设计船型尺度均有规定，船只类型包括杂货船、散货船、油船、全集装箱船、滚装船、载车船、散装水泥船、液体化工及成品油船。以 10 000 吨级散货船为例，设计代表船型用表 3.1-2 说明，其中 DWT 指船舶载重吨(t)。

表 3.1-2　设计代表船型

设计船舶吨级	总长(m)	型宽(m)	型深(m)	满载吃水(m)	备注
10 000 DWT	150	20	11.0	8.5	

五、总平面布置

根据工程研究报告的文本、图纸了解所表述的设计总平面布置方案(有多种方案时应分别说明)。若在水域、浅滩中吹填造地形成陆域,要列出形成陆域占用的水域面积,航道、港池占用的水域面积和范围。如利用已有陆域建设港区,需知道陆域占地面积。

从水、陆域布置位置及与现有等高线的关系可以看出工程是否避开水下岩基浅区,水下炸礁数量和港池、航道挖泥量及陆域需要的挖填方,这些对工程平面布置环境合理性分析判别有一定的指导意义。可结合工程推荐方案和比较方案进行说明。

1. 港口陆域总平面布置

陆域布置可按大的区块,结合设计图纸描述堆场区(或储罐区、仓库区)、装卸区(装车、卸车)、工艺控制区、公用设施区(包括中控室、空气压缩机房等)、辅助生产设施区(包括综合楼、食堂、消防站等)的布置方位、面积和相互关系。对陆域高程布置、主干道、堆场尺寸、疏港道路与港外道路的相接情况以及路面结构形式进行必要的说明。

2. 港口水域码头平面布置

海港码头一般由引堤、栈桥、防波堤、码头平台组成。有些码头依靠码头建设本身需要的实体堤自身掩护形成内港池;有些码头需要在码头区外侧海域一定范围新设防波堤;有些码头因当地风浪条件允许和装卸作业次数不多,则没有任何掩护,成为开敞式码头;也有些码头近岸水深条件好,没有引堤和栈桥,直接和后方陆域相接,其土石方工程量较小,水域占用面积少,这是建设码头理想的地形和布局形式。一般对应的土石方工程量少,水生生态影响也要小一些。

应了解码头面高程,码头主尺度,码头平台上装卸机械布置(工艺管线布置)位置,主要建筑物的位置,通往码头的栈桥人行或行车道位置、宽度,拟建码头的前沿线、等深线,船只调头水域回旋圆直径和港池尺度。

3. 进港航道、锚地

如果不涉及航道开挖,只需要了解现有进港航道位置和范围即可。对于航道开挖,需要掌握的资料有:进港航道主尺度,包括航道长度,设计底标高、宽度和航道轴线走向;海港中航道方位与常风向及常强浪的夹角。从地形上分析航道挖泥量和工程的影响。

如利用现有锚地或新建锚地,就要了解其位置与附近航道、其他锚地间的安全距离是否满足规范规定要求。

4. 工程组成

港口与码头密不可分,码头工程是港口航道与海岸工程组成的一个重要子项,一般可分为主体工程和辅助工程。工程组成大体包括表 3.1-3 所列的内容。

表 3.1-3　码头工程组成主要内容

工程类别	专业划分	主要工程内容
主体工程	装卸工艺	主要建设规模的确定(主要功能及吞吐量等)装卸工艺和机械设备选型
	码头水工结构	码头尺度和水工结构形式
	总平面	码头泊位、港池、进港航道、陆域平面布置(堆场、仓库)、港口铁路、道路等,其他场地
辅助工程	辅助生产与生活福利建筑	办公楼、候工室、工具库、流动机械库、维修厂、锅炉房、加油站、消防站、食堂、浴室等
	公用工程	给排水、供电、环保等

六、主要配套工程及设施

1. 供电照明及控制

工程采用的供电回路,设置的变电站、变电所,总用电负荷,设备总装机容量,港口、码头、道路、引桥照明方式。

2. 通信、监控及导航

对电话系统、计算机网络布线、有线电视系统进行简要说明。

3. 给排水及消防

给水:供给方式,采用城市配水管线供水还是自建水厂。港口用水包括生产用水,生活用水,消防系统补充用水,浇洒场地、道路、绿化以及船舶用水,要分类给出最高日用水量。如采用外部接管供给,应有接管点或分界线位置、接管点管径和管道水压数据。港区用水量统计可参照表 3.1-4。

表 3.1-4 某港区用水量统计表

给水类别	水量(m³/d)	用水类型	供水来源
生产用水	40	淡水	港区给水管网
消防系统补水量	5		
陆域生活用水	75		
码头船舶上水	400		
未预见用水量及管网漏失水量(5%～10%)	40		
合计	560		
绿化用水	30	中水	处理再生水
浇洒场地、道路用水	50		

排水:系统组成是合流制或是分流制;陆域、码头及引桥面雨水管网布置情况;生产废水、生活污水在港区内还是港外处理,处理的工艺和规模说明;管道排放口位置,如接入城镇污水管网,则须了解管网接出点位置、管径、管底高程,污水处理厂的建设和运行情况。

消防:消防等级,消防系统组成(包括喷淋、消防水枪和消火栓),同一时间的火灾次数,消防用水量。

通过分析,绘制水平衡图。图 3.1-7 给出某散货港口的水平衡图(雨污水以及船舶油污水均列出)。一般说来,设计人员根据港口工程设计规范、不同地区的用水定额等,结合经验给出工程日最大用水量。最大日用水量 A＝B＋C＋D＋E＋F＋G＋H,而图中其他内容是评价人员根据项目情况进行的测算和归类。生产废水、生活污水产生量和排放去向需要在评价报告中体现出来。

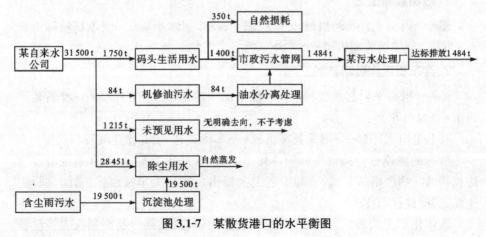

图 3.1-7 某散货港口的水平衡图

4. 生产及辅助建筑物

主要建筑物名称、位置、面积,大型建筑物单独描述其面积、楼层和综合功能。而变电所、水泵房、消防用房等简单说明。

5. 辅助工程

港作车船,说明其数量、吨位,机修、船只和车辆供油方式。

绿化、固体废物处理可在环境保护设计内容中描述。

七、装卸工艺

简述主要物料的储运特性(主要是液体化工、散货)。工程可行性报告不一定提供这些物料的环境相关参数资料。需从有关专业资料上查取。件杂货、集装箱也要明确装卸的货种。如果货种较多,则列表详细描述有关物料的理化性质。分不同货物种类描述设备装卸效率,堆放和存储周期。

装卸系统一般按以下方式进行:船⟷码头⟷后方场地⟷港外。

有些港口码头采用水中转,即船⟷码头⟷船。

港口主要分三大类货物:液体化工类、散货类、件杂货和集装箱类。

工程采用的装卸工艺大体如下。

1. 液体化工类货物装卸工艺

船⟷码头装卸臂或金属软管⟷管道至后方仓储罐区⟷港外管道或槽车。

液体化工品按不同特性,常常需要拌热、拌冷并保温,工艺介绍应说明管道、储罐采用的保温(拌冷或者拌热)方式。

2. 散货装卸工艺

船⟷码头平台装卸机械⟷(经漏斗)皮带机水平输送⟷堆场装卸机械⟷堆场⟷堆场装卸机械⟷港外车辆。

3. 件杂货或集装箱装卸工艺

船⟷码头平台起重机械⟷平板车水平输送⟷后方库场⟷堆场装卸机械⟷港外车辆。

有些港口采用船⟷码头起重机械⟷车辆工艺,装卸作业流程稍简短。

特殊的固体危险品货物如固体化工品、危险品集装箱等,储存系统需要考虑较普通货物严格的方式,装卸工艺上会提出货物分类单独放置、密闭、通风、干燥、阴凉储存等要求。

液体化工类货物的装卸系统由储罐、进出口管线、阀门及控制仪表等设备组成。货物在储罐处于"相平衡"状态。但外界热量(或其他能量)的导入,会导致少量货物蒸发汽化。对装卸或存储过程中的一些参数,如船、罐、管道的设计压力、设计温度、日蒸发率和安全及报警设备等都需要有所了解。列表说明储罐和主要设备的型式和规格。

装卸工艺可利用工艺流程图来表示。按照设计提供的资料,列出主要装卸工艺设备规格。

八、施工方案

在工程可行性研究阶段,设计文件中的施工条件、进度安排、外部协作条件等章节一般只给出工程开工、竣工时间计划,进港道路,供电、供水、通信条件,建筑材料供应等。有些工程可行性研究报告的陆域形成、水工施工方案等描述比较简略,环评对于施工方案的描述要结合前述设计方案分析、工程施工的技术要求和同类港口施工类比资料来进行,必要时还要与设计单位人员沟通,以确认评价中所列工程施工方案的可操作性,然后根据施工方案进行施工期污染分析,做到污染源强数据尽量接近实际情况。

港口、码头工程施工主要分港池航道疏浚(仅指以港口建设为目的的进港航道部分)、陆域形成、水工基础施工等,其他施工方案可简化说明。

1. 施工外围条件

施工外围条件包括施工道路、水域条件和建筑材料等。距离陆域岸线较远的海港码头,若以海堤相连则需长距离填海形成施工道路(施工道路以后也将作为疏港道路),若以引桥连接则需要设临时栈桥作为桥墩施工面,此时应对施工情况作详细说明。其他靠近陆域或与陆域相连的海港码头,施工道路和运输条件一般较好,只需简要说明其与后方主要道路的关系、里程即可。

需了解拟建港口所需的沙、石、土等材料的供应和施工现场水、电、通信等情况及砂石料场的环境现状概况。

2. 陆域形成、水域施工

港口航道与海岸工程施工包括陆域形成、水域施工,如航道疏浚、抛泥、炸礁、陆域形成的围堰吹填等,构成一个有相互关系的整体。一般港口施工期主要施工内容如图 3.1-8 所示。

港口施工是一个综合行为,不同的港口,其施工行为有所不同。海港陆域、水域形成大多有图中所述施工内容,场地回(吹)填采用"先围后填"的施工工序,填海工程在护岸工程完成后进行。

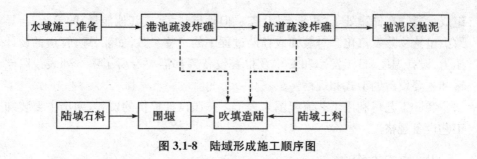

图 3.1-8 陆域形成施工顺序图

各类水域施工大多有适量的疏浚、炸礁工程量。

（1）港池、航道疏浚和炸礁。从工程指标可知港池航道的疏浚总量、抛泥量、围堰吹填总量和炸礁方量。疏浚、抛泥区位置一般要满足水（海洋）功能区划布局要求，可从海区功能区划图得出相关结论；爆破工艺、品种、用量可在此阶段予以落实。

从设计部门和拟建工程当地施工单位可咨询得到疏浚挖泥船型号、吹填作业方式及效率、炸礁清除方式和效率。

（2）陆域形成。当采用陆域石料场石料进行围堰，料场开挖会破坏地表植被，需要分析地表植被生态条件及料场开采后可能的生物损失。从石方量、石料场位置、运输方式和路线可了解到料场的环境可行性、运输路线附近的集中居民区、学校等声和环境空气环境敏感目标。

围堰和吹填施工时，大部分吹填沙在围堰内沉淀下来，还有部分由海水携泥沙从围堰堤坝处的溢流口排入水体，对水环境和生态环境会造成影响。需了解设计的吹填溢流口的位置，在工程污染分析中可从水力扩散条件和周围水域环境敏感目标位置大致判别其布局是否合理。

（3）取土回填。港池吹填不能满足陆域形成的方量时，需从陆域取土回填。从取土场地位置、通过的运输方式和路线可了解料场环境可行性、运输路线附近的噪声和环境空气环境敏感目标。取土料场与石料场位置有时并不一致，应注意分别落实。

（4）弃渣。当陆域形成采取场地开挖时，需将多余土石方弃掉。从渣场地位置、运输路线和方式了解到渣场的环境可行性、运输路线附近的噪声和环境空气环境敏感目标。

（5）地基处理。港区可能采取的地基处理形式有插打塑料排水板、超载预压、分级加载、振动碾压等。

（6）堆场及道路结构。采用钢筋混凝土基础或其他基础结构形式。

(7)土石方平衡分析。港池开挖、航道疏浚和陆域形成过程中的土石方平衡分析是施工方案分析的重要环节,应以图表结合的形式给出分析结果。

某工程的土石方平衡如图 3.1-9 所示。工程共需土石方量 386.1 万立方米,所需土石方均须从砂石料场购置;基槽、航道及港池挖泥共 208.1 万立方米,用以填平码头附近低洼的陆地。

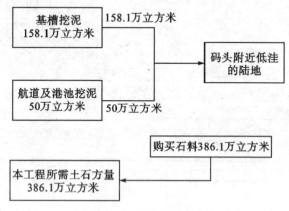

图 3.1-9 工程土石方平衡图

3. 水工结构施工

水工结构有许多不同的施工工艺,评价需了解重点影响因素的施工内容和环节。港口施工机械包括大型施工船舶,如打桩船、起重船、搅拌船等。水工施工流程按照结构类型主要有以下几种情况。

(1)重力码头结构。包括沉箱、方块、扶壁、大圆筒结构等。以沉箱为例,其施工工艺:

港池及基槽水下开挖→抛石基础→基础夯实整平→安装沉箱→现浇码头胸墙→安装附属设施。

(2)高桩码头结构。水工结构为高桩梁板式结构,采取桩基基础施工方案。主要内容和顺序如下:

沉桩→现浇下横梁→安装纵向梁系→现浇上横梁→安装预制板→现浇面层。

一般上部结构施工环境影响小,可简要说明。码头后方如采用栈桥与陆域连接,栈桥大多也是采用板梁结构。

(3)板桩码头结构。预制板桩→打板桩(方桩)→现浇导梁→拉杆锚锭→开挖港池→现浇胸墙、轨道梁→回填→现浇面层。

(4)护岸。护岸也属于水工结构的一部分。其目的是保证海岸结构的稳

定,从而保证码头结构的使用寿命。采取的工艺如下:

抛填堤心石→抛埋垫层块石→安装护面块体→现浇防浪墙。

削坡→水下抛石→驳岸基础夯实→浆砌块石。

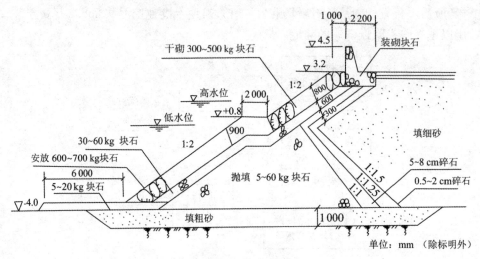

图 3.1-10　斜坡堤断面

（5）防波堤。在开敞的海湾建设港口,为防止海洋波浪对码头的影响,常常需要在码头外侧建设防波堤,其施工主要是抛填块石、护面块体等。

4. 土建工程

土建工程特指陆域建筑物、构筑物等,如没有特殊的施工内容,主要采用以下工艺:

基础施工→主体结构施工→围护结构施工→屋面施工→水、电安装→室内外装饰。

建构筑物基础施工可能的环境影响:桩基施工需要确定施工工艺,以明确其对声环境可能的影响;采用灌注桩,有灌注桩施工废水产生。

5. 设备安装

港口工程的设备大多是定型产品,现场安装产生的环境问题较小。主要工序如下:

设备订购→设备安装→调试→投入运营。

6. 施工安排

利用工程可行性报告中的施工组织计划,采用表格形式说明工程各主要工序的时间周期和衔接关系以及总施工周期。

施工安排分析对判别水域环境影响特别是水生物的产卵和洄游影响有一定帮助。

港口航道项目环评需重点分析施工悬浮泥沙对水环境和生态环境的影响。有时还要分析底泥重金属析出可能产生的影响。

第二节　污染环节与环境影响分析

一、基本要求

污染源指造成环境污染的污染物发生源,通常指向环境排放有害物质或对环境产生有害影响的场所、设备或装置等。污染环节与环境影响分析应详细分析工程的污染环节与环境影响,注重下列内容:

(1)详细分析生产工艺过程和产生的污染、非污染(生态)环境影响环节(应附工艺流程图);

(2)详细分析和核算建设期、运营期各种污染物的源强、产生量、处理工艺、处理量、排放量、排放去向和排放方式等;

(3)列出建设期、运营期和废弃期的污染要素清单。污染要素清单一般应包括序号、污染物名称、产污环节、污染物产生量、污染物处理量、污染物处理工艺、污染物排放量、污染物排放源强、污染物排放去向、污染物排放方式和排放地点等内容。

二、从项目构成识别污染影响环节

建设工程项目一般是根据工程的施工和运营的不同时段及内容构成来判别对环境的影响。港口码头工程可能产生的环境影响如图3.2-1所示。

施工期间的主体工程、辅助工程对于环境的影响主要取决于工程位置、布局、施工规模(水、陆域占地面积和土石方等);港口码头施工期间首先是识别陆域吹填、港池航道疏浚产生的悬浮物对水环境的影响,其次是施工人员生活污水、船舶含油污水;环境空气的影响主要来自场地土石方粉尘和车辆的二次扬尘。

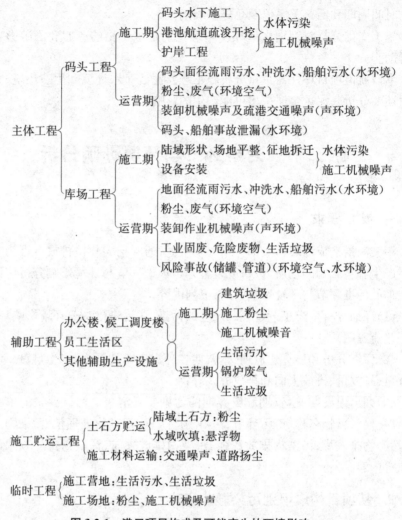

图 3.2-1　港口项目构成及可能产生的环境影响

运营期间的环境影响主要取决于港口类型(散货、集装箱或者件杂货等)以及港口吞吐量、装卸工艺水平、清洁生产水平。辅助工程主要取决于港口的人员规模和所在地区(北方采暖而南方不采暖,南北方的污水排放系数存在差异),在造成的污染物和负荷上的差异主要源于建设规模。

此外,对污染物的识别和排放量的计算要有针对性。例如,需要了解不能排放船舶舱底污水的地区以及不能设置排污口的水域,地方污染物排放标准等。对于规模的识别也是为了便于后期影响评价中合理拟定评价重点和设置专题。

三、从港口类型识别污染影响

港口码头及仓储设施运营投产后将在不同生产环节有污染物产生。

1. 液体化工码头污染源

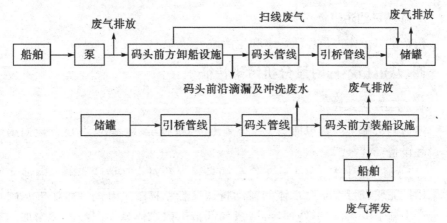

图 3.2-2 液体化工码头装卸污染源

图 3.2-2 给出了液体化工类货物在码头装卸过程中的主要污染源。其中，卸船期间主要是储罐的呼吸阀呼出的废气，装船期间主要是船舱呼吸阀呼出的废气；其他途径排放污染物相对要少一些。

如果有装车工艺，装车过程中也将产生一定量的废气。扫线和清洗储罐也会产生污染，由于目前提倡清洁生产工艺，也就是"专罐专管"，这种运营期间的污染物发生量将越来越少。

2. 矿石散货码头

一般的矿石码头运营期散货生产性污染物（源）产生排放环节如图 3.2-3 所示。

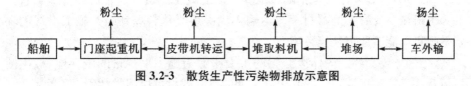

图 3.2-3 散货生产性污染物排放示意图

3. 其他港口生产性污染物

散粮码头将产生粮食粉尘，LNG(liquefied natural gas，天然液化气)码头和接收站将产生余氯和低温水等，集装箱港口产生集装箱冲洗废水等。有些港口内的机修、加油站等,运行期间将产生含油废水。

4. 船舶污染物

运营期间,到港船舶将产生机舱油污水、压载水、生活污水、各种生活和生产垃圾等。

5. 陆域其他污染物

包括港口工作人员生活污水和生活垃圾等。

四、从港口不同时段分析污染特征

1. 施工期污染特征

港口码头施工内容包括码头主体施工、栈桥施工、地基处理、后方地面场地建设和设备安装等。

(1)水环境。栈桥、码头施工产生的悬浮泥沙对水环境的影响。港池和航道采用挖泥船进行作业对水体的搅动将造成悬浮物浓度升高。灌注桩基础施工会产生施工废水,如不处理,会造成局部范围内水体悬浮泥沙浓度增加。施工船舶排放机舱含油废水,污染量少,排放点分散。

施工期混凝土搅拌场会因冲洗而产生弱碱性废水。如采用购置商业混凝土,基本不产生此类废水;场地临时的少量养护等废水主要含有悬沙,这类水排放量很小,对水环境基本不造成影响。

一般来讲,施工营地生活污水排放量较小,污染负荷较低,但如果不加处置随意排放,将会对周围水体水质带来短期的不利影响。

(2)环境空气污染影响。运输车辆扬尘对从料场到码头施工沿线的环境敏感点可能造成大气环境影响;临时建筑材料堆场在空气作用下起尘;由于自然风力等因素引起物料撒落起尘及道路二次扬尘;施工机械(如船舶)排放燃料燃烧烟气。

(3)噪声。施工主要包括陆域地基钢筋混凝土浇筑等。对声环境影响较大的施工机械主要有振捣器材等。运输车辆噪声对从料场到码头施工沿线的环境敏感点可能造成声环境影响。

(4)固体废弃物。固体废弃物的主要来源为施工期少量的废弃建材、生活垃圾及施工船舶生活垃圾。其中施工期的废弃建材可以回收利用。

2. 运营期污染特征

运营期的环境影响因素,因装卸物料的不同,其特征污染因子亦不同,就各环境单元而言,大体包括以下几个方面。

（1）环境空气。港口疏运车辆产生的道路扬尘；液体化工、石油类码头及液化气码头装卸及贮存产生的油气挥发；煤炭、矿石等散货码头堆场装卸作业产生的粉尘；船舶燃油及港区流动机械的尾气。

（2）水环境。包括到港船舶油污水，流动机械冲洗水，生活污水，煤炭、矿石等散货码头及堆场径流雨污水。

矿石码头地面初期雨污水和冲洗水中含有一定的矿石粉末，矿石粉末与水的充分接触和矿石中部分可溶出物质的析出会带来污染。通过对物料的物理化学特性判别，找出其污染要素，从而抓住对其环境影响的识别要点。例如，国内矿石主要来自澳大利亚和巴西，两项目进口矿石类型基本一致。根据类比监测结果，工程矿石污水中除悬沙超过污水综合排放标准一级标准外，其他因子浓度均满足污水综合排放标准一级标准，矿石污水中特征污染因子主要为悬沙。

而在煤炭、矿石、散装水泥、粮食码头装卸过程中粉尘以无组织排放形式，受自身沉降速度影响，通过大气落到水面，对水环境造成影响。

液体化工的污染特征更是需要结合不同物种的毒性特征进行识别，通过判别其主要的污染因子进行分析。

核电站、燃煤电厂排放的废热水和液化天然气（LNG）废冷水以及余氯对海水水质造成影响，进而造成对生态的影响。

（3）声环境。到港船舶及港口码头装卸机械的噪声。

（4）固体废弃物。船舶和陆域产生的生活垃圾、生产废弃物等。

第三节　非污染环节与环境影响分析

一、基本要求

应详细分析工程的非污染环节和环境影响，注重下列内容：

（1）详细分析和核算建设期、运营期各种非污染影响的产生方式、主要影响要素，分析和明确其主要影响类型、影响方式、影响内容、影响范围和可能产生的后果；

（2）详细分析和核算各阶段中各种非污染影响要素的主要控制因子和强度，列出非污染环境影响要素清单。

非污染环境影响要素清单一般应包括序号、非污染要素名称、产生环节、产生方式、主要控制因子和强度、环境影响类型、影响方式、影响内容、影响范围和可能产生的后果等内容。

二、港口建设项目非污染环节分析

1. 工程建设对海域水动力和冲淤变化的影响

非污染因素主要是由于填海造地等工程建设改变了所在海域的岸线形态，从而引起工程海域流场的变化，进而对泥沙冲淤环境、海床演变产生影响。

2. 工程建设对海洋生态环境的影响

填海造地、疏浚挖泥、水下炸礁等施工建设对海洋生态环境（含渔业资源）会产生不利影响。

三、典型建设内容生态影响

1. 滩涂围填与陆域形成

工程建设经常需要通过移山填海、围垦促淤或吹填来形成陆域，在这一过程中，也有可能造成比较显著的生态环境影响，主要影响体现在以下方面。

（1）原有的岸线、滩涂不复存在，潮间带生物被破坏，由于滩涂湿地是为鱼虾类提供产卵和索饵的重要场所，湿地还具有维持生态平衡、保持生物多样性和珍稀物种资源以及涵养水源、蓄洪防旱、降解污染、调节气候、补充地下水、控制土壤侵蚀等方面的重要作用，因此部分湿地及渔业水域的功能丧失。

（2）港区陆域通过吹填、抛石等形成时，原有的潮间带生物由于围垦造陆而全部死亡，永久性地丧失原有的生物生长能力。

（3）港区陆域吹填需在海上采沙场取沙，对采沙场的底栖生物破坏较为严重，据有关专家的经验估计，破坏严重时的生态恢复期可能需要7～9年。

2. 疏浚挖泥及抛泥

港口航道与海岸工程最常见的工程内容是施工期港池和航道的疏浚作业以及运营期的维护性疏浚作业。水下挖掘作业、疏浚泥倾倒作业或吹填作业不仅使疏浚泥中、倾倒区和吹填区沉积物中的底栖生物几乎全部损失，造成吹填区沉积物环境发生长久性的根本改变，而且有可能造成挖掘区和倾倒区沉积物环境发生较大的变化。沉积物是多种海洋生物、底栖生物的产卵场、栖息地，如果疏浚作业的挖掘区、吹填区、倾倒区的原有沉积物环境处于海洋生物、底栖生物的重要产卵场、索饵场，则对海洋生态环境和渔业资源造成影响。

如果疏浚挖掘后的沉积物环境未发生显著变化或在短期内能够基本复原，

并且底栖生物繁殖未受到明显的影响,则底栖生物的恢复通常较快。这是由于底栖生物的幼虫为浮游生物,只要有足够的繁殖产量,有适宜的沉积物生态环境,这些幼虫由于海流作用还会来到工程海域生长。国内的相关观测显示,如果没有增殖放流底栖生物的幼苗等人工干预措施,底栖生物的恢复期可能需要5~7年或更长。

掩埋使得抛泥区底栖生物几乎全部损失、消失。但施工停止后,在抛泥区底泥表面将形成新的底栖生物群落,不过由于水深变化较大,恢复的底栖群落与原来的群落相比将有很大差别。种类多样性将明显减少,某些先锋种的数量将有所增加,群落结构简单化,群落的稳定性下降。

在挖泥、疏浚土陆域回填和抛泥的过程中,难以避免地会引起水中悬浮物浓度的增加;此外,炸礁作业、构筑水工建筑物等也会导致水体悬浮物浓度的增加。水体混浊度增加会使水中溶解氧含量降低,降低水体自净化能力,造成水生有壳类动物窒息,并对挂养海产植物(如海带)和幼鱼等带来致命的伤害。此外,水体透光性降低还会使浮游植物的光合作用受到影响。

对沉积物的挖掘和抛撒会导致吸附其上或其内的污染物(如有机碳、Cu、Pb、Zn、Cd、As、Cr、Hg、石油类)以及驻留营养物的溶出,并可能使被污染底质因再悬浮而污染水质以及沉降到未受污染区域的底层,导致二次污染。如果沉积物中污染物含量较高,则伴随着对沉积物的扰动以及污染物的溶出,会对海洋生物及其生态系统造成一定的不利影响,包括对浮游动植物生长的抑制和对浮游动物的致死两方面的直接影响,并对浮游动植物生物量,鱼卵、仔鱼数量以及上层食物链鱼类产量等造成间接的及累积的影响。

3. 水下爆破和炸礁

水下爆破和炸礁对海洋生态系统的影响有以下几个方面。

(1)水下爆破和炸礁时的冲击波作用和爆破飞石对水域生态环境和水生生物的直接伤害,其中以冲击波作用为主。

(2)水下爆破和炸礁将改变水下地形地貌,水下地形地貌的变化将造成海洋水文动力条件的改变,进而会对海洋水质和海洋生物生境造成影响。

(3)水下爆破和炸礁引起水中悬浮物浓度增加以及炸药化学物质的溶出,污染海洋水质,并对水域生态环境和水生生物造成间接影响。

4. 修建防波堤、码头栈桥、疏港公路桥、水工构筑物

修建防波堤通常是为港区建设和运行提供建设条件和全面掩护。防波堤附近特别是防波堤内的水流条件在工程后将发生比较显著的变化,造成堤内水

体交换能力明显下降,水质和海洋生态环境质量随之降低。此外,工程附近盐度场、泥沙场、污染物浓度场的分布以及岸滩稳定性、行洪、泥沙冲淤等也会受到一定程度的影响。

修建码头栈桥、疏港公路桥梁的桥墩及其他水工构筑物将会对水流有一定的阻碍,有可能改变局部水域的水动力条件以及水体底质,水底地形分布,盐度场、泥沙场和污染物浓度场的分布,甚至对岸滩稳定性、行洪、泥沙冲淤特点等造成不同程度的影响。

一系列的防波堤建造、桥墩打桩、水工构筑物作业还会使沿途的底栖生物生境受到破坏,位于施工区及其附近海域的底栖生物和鱼卵、仔鱼由于施工会全部或部分死亡,栖息或洄游于工程水域的水生生物的觅食、生长、栖息、繁殖及抚幼等均有可能受到不利影响。

5. 港口码头运营与船舶运输

港口码头运营与船舶运输会产生生产和生活废水及垃圾,如果污染物处置不当进入水域,则将对水生生态环境构成不利影响。经过适当处理达标排放的港区废水对区域海洋生态环境的影响一般不显著。

远洋船舶压载水及沉积物中可能存在外来生物,如果控制和处理不当,有可能入侵本地海洋环境并对当地海洋生态系统的原有物种构成威胁。

6. 港口运营及船舶运输造成的海上溢油和化学品污染事故

石油和化学品货物装卸运输事故和船舶污染事故对于水生生态环境将造成严重不利影响。船舶如果发生燃料油舱破损事故同样会污染环境,对生态环境造成较大的污染损害。这类影响包括造成大范围较长时间的水质恶化,岸线和沉积物环境受到污染,海洋生物、鱼类及鸟类的栖息、活动、觅食、繁殖受到影响,浮游动植物、游泳动物和底栖生物因中毒而死亡,生物多样性降低。如果事故级别较高,受影响区域的生态环境及渔业资源在短期内将难以恢复。

第四节　污染源分析

一、污染源分析的依据和思路

污染源分析主要包括施工期污染源分析和运营期污染源分析。根据工程所采用的施工方案分析建设项目施工期间的产污环节;根据工程运行方案分析生产期间的产污环节。并根据产污环节详细分析和核算建设期、运营期各种污染物的源强、产生量、处理工艺、处理量、排放量、排放去向和排放方式等。

污染源分析首先要依据工程的性质（新建还是改扩建工程），分不同的情况，在污染源分析上采用"三本账"的模式进行逐项计算。

新建项目"三本账"为：①工程的污染物核定排放量；②治理措施实施后能够实现的污染物削减量；[①－②]即为污染源排放量的最终外排量。

改扩建和技术改造项目污染物排放包括：①项目改扩建的污染物实际排放量；②改扩建项目实施后的污染物排放量；③环境保护措施实施后能够实现的污染源削减量。[②－①－③]即为改扩建项目污染源最终外排量。

在各污染要素计算后，列出一总表表达本项目最终污染物的排放量。

二、污染源分析的主要内容

污染源分析包括大气污染源、水污染源、噪声污染源、固体废弃物污染源和生态影响分析。

大气污染源分析主要包括分析污染物来源，污染因子的确定，污染物排放方式和排放量。大气污染源的核定方法一般为类比分析法和经验系数法。

水污染源包括废水来源、废水处理处置方案及处理效果。废水污染源估算可采用排放系数法。

噪声污染源主要为各类施工设备和生产设备运行时产生的机械、动力噪声，评价中应根据不同类型噪声源的特点，对其来源、噪声值、采取的降噪措施等逐一分析。噪声污染源的分析方法主要有类比法、经验估值法等。

固体废弃物污染源分析主要为识别固体废弃物的来源及产生量，识别固体废物的特性，特别是有毒有害特性。施工期所产生的固体废弃物一般为疏浚、抛石所产生的悬浮沙，施工船舶和人员所产生的生活垃圾等。对运营期产生的生活垃圾，估算的方法也为排放系数法和经验估算法。

海洋生态影响因素的分析比较复杂，应详细分析建设项目施工、生产运行、维护检修和事故等各阶段中产生的生态影响要素，确定其主要影响方式、内容、范围和可能产生的结果，分析其主要控制因素，核算并列出影响要素清单。港口航道与海岸工程在建设及运营期的生态影响主要来自因港口航道与海岸工程造成部分海底生境的改变，对大型围填海过程可能造成海底地形的变化、海流流场的改变以及对近岸生物多样性的影响，要进行深度的分析。生态环境影响往往具有长期性、累积性和潜在性，应重视现有同类工程存在的环境问题，进行类比分析。

三、污染源分析方法

1. 类比分析法

采用类比分析法进行工程污染分析时,要注意类比条件的相似性、可比性,不仅要考虑同类型、同规模工程条件的可比性,还要注意不同海区,不同地形、地貌、地质、污染气象条件的可比性,并应进行必要的修正。

2. 经验系数法

采用经验系数法进行工程污染分析时,要注意系数选取的基本条件,如在分析疏浚和海底挖掘悬浮泥沙的污染源强时,常采用日本神户港的经验公式。悬浮物的发生系数不是一个定值,它与取沙的粒径级配有关。污染源源强还取决于挖泥船的作业方式和效率,同样的挖泥船在不同水域作业产生的污染源源强可能会存在数量级的差别。

3. 模式计算法

利用模式进行预测,一般情况下是拿来就用,模式存在适用性的问题是值得注意的,采用者最好能了解一下,模式建立的条件和模式应用的范围、限制,必要时对模式的参数进行适当的调整,使模式的具体应用更趋合理。

4. 实测法

实测法是进行工程污染分析最直观、最可靠的方法,虽然实测有它的偶发性,但毕竟比上述方法更贴近实际情况。由于受工程进度和评价经费的限制,就单个项目来说,实测法的可操作性不一定强,评价工作者若注意日常实测资料的收集统计有针对性地选用,可以达到事半功倍的效果。

四、典型港口施工污染源强

施工期污染属短期污染行为,其影响范围主要在施工区域内,一般情况下,施工期污染将随施工结束而自然消除。施工期污染主要包括港区陆域形成、港口水域开挖、疏浚对施工区域环境空气、水域环境和声环境的污染。

1. 水环境污染

(1)悬浮泥沙。

1)疏浚和吹填。

疏浚和吹填工程产生的悬浮物:

$$Q = \frac{R}{R_0} \times T \times W_0 \tag{3.4.1}$$

式中，Q 为疏浚时悬浮物发生量，t/h；W_0 为悬浮物发生系数，t/m³；R 为发生系数为 W_0 时的悬浮物粒径累计百分比；R_0 为现场流速悬浮物临界粒子累计百分比；T 为挖泥船疏浚效率，m³/h。

大型港口、航道建设项目一般要作粒径分析，评价可利用工程上的基础数据。在没有粒径分析数据的情况下，也要参考附近已建设项目的资料或者类似项目的有关数据粒径分析资料。初步的分析也可按表 3.4-1 参照选取。

表 3.4-1 疏浚/悬浮物粒径分布参考值

施工项目	$R(\%)$	$R_0(\%)$	$W_0(\text{t/m}^3)$
填筑	23.0	36.55	1.49×10^{-3}
疏浚	89.2	80.2	38.0×10^{-3}

2）抛石。

抛石产生的水体悬浮物包括两部分，一部分为块石自身携带的泥土进入水体形成悬浮物，一部分为抛填块石时扰动底床产生的悬浮物。

①抛石带入水中的悬浮物。

抛石作业悬浮泥沙的产生量按照下式计算：

$$Q = E \times c \times \alpha \times \rho \tag{3.4.2}$$

式中，Q 为抛石作业悬浮物发生量，kg/h；E 为抛石作业效率，m³/h；c 为石料中泥土含量，%；α 为泥土进入海水后悬浮泥沙产生系数；ρ 为泥土密度，kg/m³。

②抛石激起的悬浮物。

抛石激起的海底沉积物产生的悬浮物源强按下式计算：

$$S = (1-\theta) \cdot \rho \cdot \alpha \cdot P \tag{3.4.3}$$

式中，S 为抛石挤淤的悬浮物源强，kg/s；θ 为淤泥天然含水率，%；ρ 为淤泥中颗粒物湿密度，kg/m³；α 为淤泥中悬浮物颗粒所占百分率，%；P 为平均挤淤强度，m³/s。

③吹填溢流。

选在弱流区有利于泥沙的沉降，可采取分隔围堰、多道防污屏等沉隔措施处理。按照《污水综合排放标准》（GB 8978—1996）中的标准限值要求：一级标准限值为 70 mg/L，二级标准限值为 150 mg/L，根据海域要求标准预测吹填溢流口的入海悬沙浓度，再将其乘以输泥管道的输送量即得到溢流口悬浮泥沙源强。

（2）施工船舶舱底油污水。

舱底油污水水量宜按实测资料确定。无实测资料时，舱底油污水水量可按

《水运工程环境保护设计规范》(JTS 149—2018)确定(表3.4-2)。不同船型的污水发生量可采用内插法计算。舱底油污水含油量应按实测资料确定,无实测资料时可取2 000~20 000 mg/L。

表3.4-2 船舶舱底油污水水量

船舶吨级 DWT (t)	舱底油污水产生量 [吨/(天·艘)]	船舶吨级 DWT (t)	舱底油污水产生量 [吨/(天·艘)]
500	0.14	25 000~50 000	7.00~8.33
500~1 000	0.14~0.27	50 000~100 000	8.33~10.67
1 000~3 000	0.27~0.81	100 000~150 000	10.67~12.00
3 000~7 000	0.81~1.96	150 000~200 000	12.00~15.00
7 000~15 000	1.96~4.20	200 000~300 000	15.00~20.00
15 000~25 000	4.20~7.00	—	—

2. 环境空气污染

施工过程中因抛石、填筑、搅拌、装卸等产生的粉尘,施工机械的尾气均能产生大气污染。可采取洒水和避免大风天气作业以减少粉尘,尽量避免使用尾气污染严重的机械施工以减少尾气。

施工期的交通运输和装卸石料时产生的扬尘为主要污染物,其排放形式为无组织排放,会给当地的环境空气质量造成一定的影响,可采取洒水、篷布覆盖的措施减少粉尘。

3. 噪声污染负荷

噪声源分布在码头前沿和疏港公路,主要由码头水土结构施工时打桩作业产生。监测统计资料表明,打桩机作业时其噪声峰值可达到120 dB(A),距声源120 m处仍有83~99 dB(A)。其次是场地平整、基础施工等作业各类施工机械产生的噪声。表3.4-3给出施工期各类施工机械的噪声实测值。

表3.4-3 施工期各类施工机械的噪声实测值　　　　　单位:dB(A)

声源	噪声峰值	距声源不同距离时噪声值			
		15 m	30 m	60 m	120 m
打桩机	120	101~117	95~111	89~105	83~99
搅拌机	105	85	79	73	67

（续表）

声源	噪声峰值	距声源不同距离时噪声值			
		15 m	30 m	60 m	120 m
砼振捣器	105	85	79	73	67
装载机	103	80	74～82	68～77	60～71
载重车	95	84～89	79～83	72～77	66～71

　　施工期的噪声污染影响是一个短期的行为，随着施工的结束而终止。防治措施多是从控制作业时间（段）上考虑，尽量避免对周围居民区的干扰影响，评价可采用类比调查的方法，针对项目涉及的敏感目标评价其可能产生的影响范围和超标程度。应注意调查料场至港口、航运枢纽间的临时施工道路周边的受影响居民区，提出噪声影响的防控要求。老港区的技改工程也应注意结合居民搬迁提出声环境防治的要求。

4. 施工固体废弃物

　　按照《水运工程环境保护设计规范》（JTS 149—2018），船舶垃圾量应根据单船固体废物量和到港船舶定员确定。船舶生活固体废弃物单位发生量可按表 3.4-4 选取。陆域生活垃圾量可按 1.5 千克/（人·天）计算。

表 3.4-4　船舶生活固体废弃物单位发生量

船舶类型	废物量[千克/（人·天）]	船舶类型	废物量[千克/（人·天）]
港口作业船	1.0	远洋货船	2.2
内河、沿海船舶	1.5	远洋客船	2.4

五、运营期污染源分析

1. 废水

　　（1）含尘雨污水。主要是煤炭和矿石等散货在码头、堆场因雨水造成的含悬沙径流雨污水，还包括码头面雨水，廊道、转运站冲洗水及翻车机房地下室、坑道集水等。

　　全年含尘雨污水为

$$W = Q \times S \times \varphi \tag{3.4.4}$$

式中，W 为径流雨水量，m^3/a；Q 为年平均降雨量，m/a；S 为汇水面积，m^2；φ 为径流系数。

按照《水运工程环境保护设计规范》(JTS 149—2018),煤炭、矿石码头堆场径流雨水量可按下式计算:

$$V = \varphi \times H \times F \tag{3.4.5}$$

式中,V 为径流雨水量,m³;φ 为径流系数,取 0.1~0.4,依据堆场场地铺砌类型确定;H 为多年最大日降雨深的最小值,m;同时满足不小于港区排水设计重现期对应的降雨深度;F 为汇水面积,m²。

含煤、矿污水的水质宜按实测资料确定。无实测资料时,其悬浮物含量可取 1 000~3 000 mg/L。

(2)码头面冲洗废水。按照《水运工程环境保护设计规范》(JTS 149—2018),码头面、带式输送机廊道和转运站等处地面冲洗水量指标可取 3~5 升/(平方米·次)。码头面初期雨水的降雨深度可取 0.01 m。

(3)生活污水。港口陆域生活污水量按生活用水量的 80%~90% 计算;船舶生活污水量根据船舶定员和在港时间确定。

生活污水水质按实测资料确定。若无实测资料,BOD₅可取 150~300 mg/L;固体悬浮物可取 350~500 mg/L;港区生活污水可取中值,船舶生活污水宜取下限值。

(4)机修含油废水。按照《水运工程环境保护设计规范》(JTS 149—2018),流动机械冲洗水和机修间含油污水可采用沉淀、隔油、油水分离器分离的处理工艺,也可采取气浮、过滤工艺。对出水水质有特殊要求的,应进行必要的后续处理。流动机械冲洗水量应按 600~800 升/(台·次)计算。

(5)船舶含油废水。舱底油污水水量宜按实测资料确定。无实测资料时,舱底油污水水量可按《水运工程环境保护设计规范》(JTS 149—2018)确定(表3.4-5)。不同船型的污水发生量可采用内插法计算。舱底油污水含油量应按实测资料确定,无实测资料时取 2 000~20 000 mg/L。

2. 环境空气污染

(1)粉尘。工程营运期间的污染源按起尘特性主要分为两类,一类是堆场表面的静态起尘,其发生量与尘源的表面含水率、地面风速有关;二类是堆取料等过程的动态起尘,其发生数量与环境风速、装卸高度有关。按照《港口建设项目环境影响评价规范》(JTS 105-1—2011)煤炭、矿石堆场和装卸起尘量可按下列公式计算:

1)静态起尘:

$$Q_1 = 0.5\alpha \times (U - U_0)^3 \times S \tag{3.4.6}$$

$$U_0 = 0.03 \cdot e^{0.5w} + 3.2 \tag{3.4.7}$$

式中，Q_1 为堆场起尘量，kg；α 为货物类型起尘调节系数，见表 3.4-6；U 为风速，m/s，多堆堆场表面风速取单堆的 89%；U_0 为混合粒径颗粒的起动风速，m/s；S 为堆表面积，m^2；w 为含水率，%。

表 3.4-5　货物类型起尘调节系数 α

标准类型	矿粉	球团矿	精煤类	大矿类	原煤类	水洗类
起尘调节系数	1.6	0.6	1.2	1.1	0.8	0.6

2）动态起尘：

$$Q_2 = \frac{\alpha \times \beta \times H \times e^{w_0 - w} \times Y}{[1 + e^{0.25(v_2 - U)}]} \tag{3.4.8}$$

式中，Q_2 为作业起尘量，kg；β 为作业方式系数，装堆（船）时，$\beta = 1$，取料时，$\beta = 2$；H 为作业落差，m；α 为水分作用系数，与散货性质有关，取 0.40～0.45；w_0 为水分作用效果的临界值，即含水率高于此值时水分作用效果增加不明显，与散货性质有关，煤炭的 w_0 值取 6%，矿石的 w_0 值取 5%；w 为含水率，%；Y 为作业量，t；v_2 为作业起尘量达到最大起尘量 50% 时的风速，m/s。

（2）废气。

1）机械、车辆尾气（举例）。根据《港口建设项目环境影响评价规范》（JTS 105-1—2011）及 2006 年《全国氮氧化物排放统计技术要求》，机动车辆污染物排放系数见表 3.4-6，港口流动机械大气污染物排放源根据港区车流量和运输车辆在港区内的行驶距离，车辆在港区内平均行驶距离为 1.0 千米/次，以车辆行驶平均耗油量 0.3 L/km 计，每天运输车辆约为 70 辆计算，运输车辆均燃烧柴油，估算运输车辆在港区内尾气排放情况见表 3.4-7。

表 3.4-6　机动车辆污染物排放系数

污染物	以汽油为燃料(g/L)	以柴油为燃料(g/L)
SO_2	0.295	3.24
NO_x	15.9	22.2

表 3.4-7　运输车辆尾气排放情况

污染物		SO_2	NO_x
污染物排放量	kg/d	0.068	0.466
	t/a	0.024	0.163

2)到港船舶尾气(举例)。船舶在码头停泊时,轮船只有辅机 24 h 运转,用来提供用电和基本动力,柴油机尾气主要污染指标为 SO_2、NO_x,船舶辅机耗油量为 170~230 g/(kW·h),按设计代表船型 1 300 kW·h 辅机工作考虑,每天泊位船舶为 2 艘,根据废气中 SO_2 和 NO_x 等污染因子排放系数,估算船舶废气排放情况见表 3.4-8。

表 3.4-8　船舶废气排放情况

污染物		SO_2	NO_x
排放系数	g/L	4	2.56
污染物排放量	t/a	0.747	0.456

3. 噪声污染负荷指标

港口和码头工程对声环境的影响一般均可控制在其场界范围内。

(1)港口噪声源。分布在码头前沿装卸平台和后方堆(库)场,由装卸机械和堆(库)场物料转运设备产生,是一种线源,点声源和面声源的合成效应。具体可以参考《水运工程环境保护设计规范》(JTS 149—2018)附录 A。表 3.4-9列举 3 项设施噪声源强。

表 3.4-9　设施噪声源强

序号	设备名称	噪声声级(dB)
1	门座式起重机	69~96
2	装载机	76~80
3	叉车	67~103

(2)船只噪声污染源。主要为航道内航行船舶的交通噪声。各类型船舶的平均辐射声级采用《港口工程环境保护设计规范》噪声监测专题报告中的推荐值。如距船 15 m 处,100~500 吨级船舶平均声级值为 68~70 dB(A);500 吨级船舶平均声级值为 71 dB(A)。

4. 固体废弃物发生量

港口固体废弃物主要包括港口陆域生产和生活垃圾,到港船舶生活垃圾、生产废弃物等。

(1)生活垃圾按港口定员每人 1.5 kg/d 计算。

(2)锅炉灰渣按耗煤量 30% 计算。

第五节　环境影响识别

一、识别的目的和技术要求

1. 识别的目的

环境影响识别是通过系统性地检查建设项目的各种"活动"与各环境要素之间的关系,识别可能的环境影响,包括环境影响因子、影响对象、环境影响程度和环境影响方式,定性说明环境影响的性质、程度和可能的范围。其中环境影响的程度与建设工程的特征、强度及相关环境要素的承载能力有关。

2. 识别的技术要求

在建设项目环境影响识别中,应考虑以下方面:

(1)项目的特性(如项目类型、规模等);

(2)项目涉及的当地环境特性及环保要求(如自然环境、海洋功能区划和环境保护规划等);

(3)识别主要的环境敏感区和敏感目标;

(4)从自然环境和社会环境两方面识别环境影响;

(5)突出对重要的或社会关注的环境要求识别。

环境影响识别要识别出主要环境影响要素和主要环境影响因子,说明环境影响性质,判断环境影响程度、影响范围和影响时段。

二、识别原则

环境影响识别的目的:一方面是在于找出环境影响的各个因素,特别是不利的环境影响,为环境影响预测指出目标,为污染综合防治指出方向;另一方面是通过污染综合防治,控制不利影响,使其减少到符合环境质量标准的要求。港口工程对环境产生的影响主要取决于两个方面:一方面是项目的工程特征,另一方面是项目所在海区的环境特征。因此,港口工程建设项目的环境影响因素识别应遵循下述原则:

(1)判别项目建设与项目所在海区区域发展规划、海洋功能区划的相容性、协调性,判别项目建设是否存在重大的环境相容性判别因素。

(2)施工期是港口工程建设项目可能产生环境污染和生态破坏的主要环

节,应重点从施工工艺方案判别施工全过程可能产生的污染因素。

(3)从港口工程特征,特别是相关物料的理化和毒理性质,工艺流程,判别项目建设运营期可能产生的污染因素,特别是应有针对性地提出该项目的特征污染因子。

(4)对项目在运营期可能发生的事故进行分析,如船舶碰撞或沉没,这些事故可能诱发重大的溢油事故,给环境带来严重的污染。

三、识别内容

1.影响范围识别

建设项目环境影响范围,主要指工程施工活动和运行过程直接或间接影响涉及的区域。港口航道与海岸工程环境影响范围一般比较大,根据工程因素作用区域的变化,对环境影响范围划分不同的区域。工程环境影响范围的识别为确定环境影响评价和影响预测范围提供依据。环境影响范围一般可分为施工期和运营期涉及的范围。

2.影响性质识别

工程的环境影响性质识别,可以分为有利影响和不利影响两类。工程对环境问题的治理和改善为有利影响;工程使环境质量变差为不利影响。环境质量改善和变差的识别标准,可与无工程时的环境质量状况进行比较分析。

环境影响性质识别还可分为可逆影响和不可逆影响,对于不可逆影响应重点进行评价。显著影响和潜在影响,应更关注潜在影响可能发生的环境风险。长期影响和短期影响,应更关注长期影响。

3.影响程度识别

环境影响程度识别,可从环境受工程影响的范围、时段和强度上进行识别。影响范围大小可用淹没占地面积、施工占地面积、移民安置占地面积及受影响的水域面积来识别;影响时段长短可用施工期和运营期引起的环境改变时段的长短来识别;影响强度可根据作用因素和污染源强度来识别。环境要素受影响的敏感性可依据环境敏感度、资源敏感度、经济敏感度和受社会及民众的关注程度来识别。环境影响程度识别为确定重点评价因子服务。

在环境影响识别中,可以使用一些定性的、具有"程度"判断的词语来表征工程建设项目对环境因子的影响程度,通常按3个等级或5个等级来定性划分影响程度。3个级别为重大、轻微和微小;5个级别为极端不利、非常不利、中度不利、轻度不利和微弱不利。

如按 5 级划分不利环境影响：

（1）极端不利：外界压力引起某个环境因子无法替代、恢复与重建的损失，此种损失是永久的、不可逆的。如使某濒危的生物种群或有限的不可再生资源遭受灭绝威胁。

（2）非常不利：外界压力引起某个环境因子严重而长期的损害或损失，其代替、恢复和重建非常困难和昂贵，并需很长的时间。如造成稀少的生物种群濒危或有限的、不易得到的可再生资源严重损失。

（3）中度不利：外界压力引起某个环境因子的损害或破坏，其替代或恢复是可能的，但相当困难且可能要较高的代价，并需比较长的时间。包括对正在减少或有限供应的资源造成相当损失，使当地优势生物种群的生存条件产生重大变化或严重减少。

（4）轻度不利：外界压力引起某个环境因子的轻微损失或暂时性破坏，其再生、恢复与重建可以实现，但需要一定的时间。

（5）微弱不利：外界压力引起某个环境因子暂时性破坏或受干扰，此级敏感度中的各项是人类能够忍受的，环境的破坏或干扰能较快地自动恢复或再生，或者其替代与重建比较容易实现。

四、识别方法

环境影响识别是在环境影响分析的基础上进行的，因此，其方法同时可以用于工程环境影响分析和环境影响识别。主要方法包括以下几种。

1. 定性分析法

工程环境影响分析从性质上讲，可以分为定性和定量两种。定性分析法是对环境影响从宏观上作出概念性判断，即依据实测和调查资料，通过因果分析和统计对比后，按逻辑推理，定性判断出某种影响的利或害、长久或短暂、能否恢复等。

定性分析法又分两种：一种是比较法，对工程兴建前后的环境影响要素、影响的机制及变化过程进行对比分析；另一种是类比法，是用已建成的相似工程进行类比，类比法可以是定性的，也可以是定量的，或者定性与定量结合使用。

2. 清单法（核查表法）

早在 1971 年有专家提出了将可能受开发方案影响的环境因子和可能产生的影响性质，通过核查在一张表上一一列出的识别方法，故也称"列表清单法"或"一览表法"。根据工程分析的结果，将污染物的等标排放量进行排序，按照工程各节段对海洋环境要素的影响,依次确定其影响的程度,根据工程组成逐项对应于环境组成要素及环境事故进行分析,列表汇总。该方法虽然是较早发展起来的方法,但现在还在普遍使用,并有多种形式。

(1)简单型清单:仅是一个可能受影响的环境因子表,不作其他说明,可作定性的环境影响识别分析,但不能作为决策依据。

(2)描述型清单:比简单型清单增加环境因子如何度量的准则。

(3)分级型清单:在描述型清单基础上又增加了对环境影响程度进行的分级。

环境影响识别常用的是描述型清单。目前有两种类型的描述型清单。比较流行的是环境资源分类清单,即对受影响的环境因素(环境资源)先作简单的划分,以突出有价值的环境因子。通过环境影响识别,将具有显著性影响的环境因子作为后续评价的主要内容。另一类描述型清单即是传统问卷式清单。在清单中仔细地列出有关"项目一般环境影响"要询问的问题,针对项目的各项活动和环境影响进行询问。答案可以是"有"或"没有",如果回答为有影响,则在表中注解栏说明影响的程度、发生影响的条件及环境影响的方式,而不是简单地回答某项活动将产生某种影响。

3. 矩阵分析法

矩阵法由清单法发展而来,不仅具有影响识别功能,还有影响综合分析评价功能。它将清单中所列内容系统加以排列。把拟建项目的各项活动和受影响的环境要素组成一个矩阵,在拟建项目的各项活动和环境影响之间建立起直接的因果关系,以定性或半定量的方式说明拟建项目的环境影响。

该类方法主要有相关矩阵法和迭代矩阵法两种。

在环境影响识别中,一般采用相关矩阵法,即通过系统地列出拟建项目各阶段的各项活动,以及可能受拟建项目各项活动影响的环境要素,构建矩阵确定各项活动和环境要素及环境因子的相互作用关系。

如果认为某项活动可能对某一环境要素产生影响,则在矩阵相应交叉的格点将环境影响标注出来。可以将各项活动对环境要素、环境因子的影响程度,划分为若干个等级,如三个等级或五个等级。为了反映各个环境要素在环境中的重要性不同,通常还采用加权的方法,对不同的环境要素赋予不同的权重,也可以通过一些符号来表示环境影响的属性。

4. 图形叠置法

图形叠置法是美国麦哈格(Lan Mc Harg)于 1968 年提出的。该法是将研究的区域的经济、社会、自然环境分别制成环境质量等级分布图,将这些图叠置起来,可以作出影响识别和综合评价。

5. 网络法

采用网络图表示环境影响的因素与影响结果,按照工程行为对水文情势的影响、水环境理化指标的影响、生态影响等,分别绘制影响因素和影响结果网络图,分析得出主要环境影响因子。

第六节 评价因子筛选

环境影响评价因子筛选是在环境影响识别的基础上,分析受工程影响的环境要素及相应的因子,将重点环境要素作为评价的重点,相应的环境因子为重点评价因子。筛选的目的就是要抓住主要受影响的环境要素,突出评价的重点,对重点评价因子进行定量影响预测评价,有针对性地提出环境保护措施。

港口航道与海岸工程的环境影响评价因子筛选是根据工程涉及的不同物料、工艺方案及施工期和运营期的特点,筛选出的评价因子,主要包括:

(1)特征污染物;

(2)当地已造成严重污染的污染物;

(3)列入国家主要污染物总量控制指标的污染物。

从而有针对性地对不同的特征内容和污染因子进行评价工作。

一、评价因子筛选过程

环境影响评价因子的具体筛选过程如下:

首先,根据污染源强排定污染类影响因子的顺序,筛选出主要的污染因子,由此反映港口航道与海岸工程待建项目对海洋环境的主要影响。生态污染类影响因子表现周期长、有一定的潜伏性,识别起来要困难一些,尽可能采用类比法,查找相类似的港口工程进行分析比对,识别出主要的非污染类影响因子。对工程施工阶段环境影响较大的影响因子主要包括往海域排放的大量悬浮物,爆破施工造成附近海域大量生物的死亡,构筑物造成流场和波浪场的变化而引起海洋水体交换能力降低,造成一定海域水质下降,海底冲淤平衡的破坏,发生海岸堆积或者侵蚀等。

其次,对于某些污染物,要注意海洋环境特点,在陆地环境条件下可能是很严重的污染影响因素,向海洋排放时,由于海洋具有大得多的环境容量和自净能力,可能就不再是主要的环境影响因素,如向海洋排放含盐($NaCl$、Na_2SO_4、$CaCl_2$ 等)废水时,盐类可能就不是主要环境影响因素。

二、典型环境评价因子

1. 大气环境影响评价因子

大气环境影响评价因子主要为项目排放的基本污染物及其他污染物。当建设项目排放的 SO_2 和 NO_x 排放量大于或等于 500 t/a 时,评价因子应增加二次污染物 PM2.5,见表 3.6-1。当规划项目排放的 SO_2、NO_x 及 VOC_s 排放量达到表 3.6-1 规定的量时,评价因子应相应增加二次污染物 PM2.5 及 O_3。

表 3.6-1　二次污染物评价因子筛选

类别	污染物排放量(t/a)	二次污染物评价因子
建设项目	$SO_2 + NO_x \geqslant 500$	PM2.5
规划项目	$SO_2 + NO_x \geqslant 500$	PM2.5
	$NO_x + VOC_s \geqslant 2\,000$	O_3

2. 声环境影响评价因子

声环境影响评价因子为等效连续 A 声级。根据《声环境质量标准》(GB 3096—2008),声环境功能区的环境质量评价量为昼间等效声级(L_d)、夜间等效声级(L_n),突发噪声的评价量为最大 A 声级(L_{max})。

3. 海洋水文动力评价因子

海洋水文动力环境影响是海洋环境的特定影响内容。由于海洋形态的整体性和动力过程的连续性,更由于海洋的流体特征,港口航道与海岸工程会改变自然条件下的水动力状态,会直接或间接地影响地形地貌与冲淤状态、物质的输运、沉积物质量、底栖生物的生境和海水质量。

建设项目海洋水文动力环境影响评价主要根据所在海域的环境特征、工程规模及工程特点来划分等级。海洋水文动力环境的现状调查内容和评价因子主要包括水温、盐度、潮流(流速、流向)、波浪、潮位、水深、灾害性天气等。

4. 海洋地形地貌与冲淤评价因子

海洋地形地貌与冲淤环境影响评价就是根据用海工程项目的特点,通过对工程建设区域自然条件的分析,了解和研究工程区域的岸滩演变规律,避开不利岸段或采取一定的措施减轻或消除因岸滩变化带来的不利影响,并预测工程建设后可能引起的海岸冲刷、淤积与海底地形变化，以便对工程进行调整和优化，并采取有效的防治措施。海洋地形地貌与冲淤的评价因子主要包括海洋地形地貌、海岸线、海床、滩涂、海底沉积环境和腐蚀环境等。

5. 海洋水质评价因子

海水水质常规评价因子主要评价指标，一般情况可根据《海水水质标准》（GB 3097—1997）规定，选取其中部分指标。按照其性质可分类如下：

物理指标：温度、漂浮物质、悬浮物质、臭、味、色。

化学指标：无机氮、活性磷酸盐、硫化物、溶解氧、化学需氧量、重金属（汞、铅、镉、铬、砷、铜、锌等）、石油类等。

生物指标：大肠杆菌、粪大肠菌群、病原体等。

6. 海洋沉积物评价因子

海洋沉积物是众多水生生物的栖息地，是海洋生态系统的一个重要组成部分。沉积物是营养盐生物地球化学循环的主要储存和释放场所，底栖生物处在水生生态系食物链下端，其密度及种群结构随沉积物的类型、季节、捕食压力的变化而改变。

海洋沉积物常规评价因子，一般情况可根据《中华人民共和国海洋沉积物质量》（GB 18668—2002）规定选取其中部分指标，主要包括重金属（汞、铜、铅、镉、锌、铬、砷）、有机碳、硫化物、石油类等。

7. 海洋生态评价因子

海洋生态和渔业资源现状评价内容应包括：

叶绿素、初级生产力、浮游动植物、底栖生物、潮间带生物的种类组成和群落的时空分布；海洋生物的生物量、密度、物种多样性（含优势度指数、物种多样性指数）、均匀度、丰富度等参数。

渔业资源的种类、密度、主要经济种类、资源量等及其分布特征。

三、编制评价因子分析一览表注意事项

1. 评价时段

评价时段包括施工期、运营期等。

2. 环境影响要素内容

由于海洋环境具有将海水水质环境、海洋沉积物环境、海洋水文动力环境、海地形地貌与冲淤环境和海洋生态环境集为一体的特殊性，港口航道与海岸工

程对海洋环境的影响作用与陆地地表水、大气、噪声、固体废弃物等其他以介质划分的环境影响相比,具有显著的综合性和复合性的特点。

3. 环境影响内容及表现形式

由工程分析得到的环境影响内容及其主要表现形式包括:填海、航道疏浚、港池开挖,清淤、疏浚物倾倒、填海围堰溢流口排放的悬浮物;水下炸礁(爆破),基础爆破挤淤(爆夯),基础开挖,海中取沙土吹填,填海和构筑物造成的水动力、冲淤的时空变化,填海和构筑物对生物、生态环境的损害,施工产生的废水、固废和生活垃圾,施工船舶增加的航运影响,施工机械噪声,污水排海,放射性废水排海,余氯排放,温升(温降)水排放,机械卷载,烟尘、粉尘排放,溢油,火灾、爆炸等环境事故等。

4. 影响程度与分析评价深度

影响程度与分析评价深度:指针对某一评价因子及其对应的环境影响内容及其主要表现形式,经工程分析判断出的环境影响程度,以及针对这一评价因子应开展的环境影响评价和预测的内容要求与工作深度,一般用符号标识。最后,列出分析评价内容所在的章节号或页码。环境影响要素和评价因子分析一览表,见表3.6-2。

表 3.6-2　环境影响要素和评价因子分析一览表(示例)

评价时段	环境影响要素	评价因子	工程内容及其表征	影响程度与分析评价深度
建设期	海洋生态	底栖生物	填海和构筑物掩埋	+++
		鱼卵仔鱼	航道疏浚、港池开挖产生悬浮物	++
	海洋水文动力	纳潮量	填海和构筑物掩埋	+++
	海水水质	悬浮物	航道疏浚、港池开挖产生悬浮物	+++
……	……	……	……	……

注1:+表示环境影响要素和评价因子所受到的影响程度为较小或轻微,需要进行简要的分析与影响预测。

注2:++表示环境影响要素和评价因子所受到的影响程度为中等,需要进行常规影响分析与影响预测。

注3:+++表示环境影响要素和评价因子所受到的影响程度为较大或敏感,需要进行重点的影响分析与影响预测。

第四章　大气环境影响与评价

第一节　大气环境影响与评价概述

一、基本概念

1. 大气污染物分类

大气污染源排放的污染物按存在形态分为颗粒态污染物和气态污染物。

按生成机理分为一次污染物和二次污染物。其中，由人类或自然活动直接产生，由污染源直接排入环境的污染物称为一次污染物；排入环境中的一次污染物在物理、化学因素的作用下发生变化，或与环境中的其他物质发生反应所形成的新污染物称为二次污染物。

2. 基本污染物

基本污染物包括二氧化硫（SO_2）、二氧化氮（NO_2）、可吸入颗粒物（PM10）、细颗粒物（PM2.5）、一氧化碳（CO）、臭氧（O_3）。

3. 其他污染物

其他污染物指除基本污染物以外的其他项目污染物。

4. 总悬浮颗粒物（TSP）

TSP（total suspended particulate）指环境空气中空气动力学当量直径小于等于 $100\ \mu m$ 的颗粒物。

5. 颗粒物（粒径小于等于 10 μm，PM10）

PM10 指环境空气中空气动力学当量直径小于等于 $10\ \mu m$ 的颗粒物，也称可吸入颗粒物。

6. 颗粒物（粒径小于等于 2.5 μm，PM2.5）

PM2.5 指环境空气中空气动力学当量直径小于等于 $2.5\ \mu m$ 的颗粒物，也称细颗粒物。

7. 非正常排放

非正常排放指生产过程中开停车(工、炉)、设备检修、工艺设备运转异常等非正常工况下的污染物排放,以及污染物排放控制措施达不到应有效率等情况下的排放。

8. 短期浓度

短期浓度指某污染物的评价时段小于等于 24 h 的平均质量浓度,包括 1 h 平均质量浓度、8 h 平均质量浓度以及 24 h 平均质量浓度(也称为日平均质量浓度)。

9. 长期浓度

长期浓度指某污染物的评价时段大于等于 1 个月的平均质量浓度,包括月平均质量浓度、季平均质量浓度和年平均质量浓度。

二、大气环境影响评价工作任务与程序

1. 工作任务

通过调查、预测等手段,对项目在建设阶段、生产运行和服务期满后(可根据项目情况选择)所排放的大气污染物对环境空气质量影响的程度、范围和频率进行分析、预测和评估,为项目的选址选线、排放方案、大气污染治理设施与预防措施制定、排放量核算,以及其他有关的工程设计、项目实施环境监测等提供科学依据或指导性意见。

2. 工作程序

(1)第一阶段:主要工作包括研究有关文件,项目污染源调查,环境空气保护目标调查,评价因子筛选与评价标准确定,区域气象与地表特征调查,收集区域地形参数,确定评价等级和评价范围等。

(2)第二阶段:主要工作依据评价等级要求开展,包括与项目评价相关污染源调查与核实,选择适合的预测模型,环境质量现状调查或补充监测,收集建立模型所需气象、地表参数等基础数据,确定预测内容与预测方案,开展大气环境影响预测与评价工作等。

(3)第三阶段:主要工作包括制定环境监测计划,明确大气环境影响评价结论与建议,完成环境影响评价文件的编写等。

第二节　大气环境影响评价等级与评价范围

一、大气环境影响评价因子与评价标准

1. 评价因子

大气环境影响评价因子主要为项目排放的基本污染物及其他污染物。根据《环境影响评价技术导则·大气环境》（HJ 2.2—2018），当建设项目排放的 SO_2 和 NO_x 排放量大于或等于 500 t/a 时，评价因子应增加二次污染物 PM2.5，见表 4.2-1。当规划项目排放的 SO_2、NO_x 及 VOC_s 排放量达到表 4.2-1 规定的量时，评价因子应相应增加二次污染物 PM2.5 及 O_3。

表 4.2-1　二次污染物评价因子筛选

类别	污染物排放量(t/a)	二次污染物评价因子
建设项目	$SO_2+NO_x\geqslant500$	PM2.5
规划项目	$SO_2+NO_x\geqslant500$	PM2.5
	$NO_x+VOC_s\geqslant2\ 000$	O_3

2. 评价标准

环境空气功能区分为二类：一类区为自然保护区、风景名胜区和其他需要特殊保护的区域；二类区为居住区、商业交通居民混合区、文化区、工业区和农村地区。一类区适用一级浓度限值，二类区适用二级浓度限值。

根据《环境空气质量标准》（GB 3095—2012），一、二类环境空气功能区质量要求见表 4.2-2 和表 4.2-3。如已有地方环境质量标准，应选用地方标准中的浓度限值。

对于表 4.2-2、表 4.2-3 及地方环境质量标准中未包含的污染物，可参照《环境影响评价技术导则 大气环境》（HJ 2.2—2018）中的浓度限值（表 4.2-4）。对上述标准中都未包含的污染物，可参照选用其他国家、国际组织发布的环境质量浓度限值或基准值，但应作出说明，经生态环境主管部门同意后执行。

表 4.2-2 环境空气污染物基本项目浓度限值

序号	污染物项目	平均时间	浓度限值		单位
			一级	二级	
1	二氧化硫(SO₂)	年平均	20	60	g/m³
		24 h平均	50	150	
		1 h平均	150	500	
2	二氧化氮(NO₂)	年平均	40	40	
		24 h平均	80	80	
		1 h平均	200	200	
3	一氧化碳(CO)	24 h平均	4	4	mg/m³
		1 h平均	10	10	
4	臭氧(O₃)	日最大 8 h平均	100	160	
		1 h平均	160	200	
5	颗粒物 (粒径小于等于 10 μm)	年平均	40	70	g/m³
		24 h平均	50	150	
6	颗粒物 (粒径小于等于 2.5 μm)	年平均	15	35	
		24 h平均	35	75	

表 4.2-3 环境空气污染物其他项目浓度限值

序号	污染物项目	平均时间	浓度限值		单位
			一级	二级	
1	总悬浮颗粒物(TSP)	年平均	80	200	g/m³
		24 h平均	120	300	
2	氮氧化物(NOₓ)	年平均	50	50	
		24 h平均	100	100	
		1 h平均	250	250	
3	铅(Pb)	年平均	0.5	0.5	
		季平均	1	1	
4	苯并[a]芘(BaP)	年平均	0.001	0.001	
		24 h平均	0.002 5	0.002 5	

表 4.2-4 其他污染物空气质量浓度参考限值

序号	污染物名称	标准值（μg/m³）		
		1 h平均	8 h平均	日平均
1	氨	200		
2	苯	110		
3	苯胺	100		30
4	苯乙烯	10		
5	吡啶	80		
6	丙酮	800		
7	丙烯腈	50		
8	丙烯醛	100		
9	二甲苯	200		
10	二硫化碳	40		
11	环氧氯丙烷	200		
12	甲苯	200		
13	甲醇	3 000		1 000
14	甲醛	50		
15	硫化氢	10		
16	硫酸	300		100
17	氯	100		30
18	氯丁二烯	100		
19	氯化氢	50		15
20	锰及其化合物（以 MnO₂ 计）			10
21	五氧化二磷	150		50
22	硝基苯	10		
23	乙醛	10		
24	总挥发性有机物（TVOC）		600	

二、大气影响评价工作等级

1. 污染源估算模型

在评价等级判定前需要进行污染物的最大 1 h 地面空气质量浓度估算,估算模型采用《环境影响评价技术导则 大气环境》(HJ 2.2—2018)推荐的估算模型 AERSCREEN。AERSCREEN 估算模型适用情况见表 4.2-5,模型参数见表 4.2-6,计算结果见表 4.2-7。

表 4.2-5 估算模型适用情况表

模型名称	适用性	适用污染源	适用排放形式	推荐预测范围	适用污染物	输出结果	其他特性
AERSCREEN	用于评价等级及评价范围判定	点源(含火炬源)、面源(矩形或圆形)、体源	连续源	局地尺度(≤50 km)	一次污染物、二次污染物 PM2.5(系数法)	短期浓度最大值及对应距离	可以模拟熏烟和建筑物下洗

表 4.2-6 估算模型参数表

参数		取值
城市/农村选项	城市/农村	
	人口数(城市选项时)	
最高环境温度(℃)		
最低环境温度(℃)		
土地利用类型		
区域湿度条件		
是否考虑地形	考虑地形	□是 □否
	地形数据分辨率(m)	
是否考虑岸线熏烟	考虑岸线熏烟	□是 □否
	岸线距离(km)	
	岸线方向(°)	

表 4.2-7　主要污染源估算模型计算结果表

下风向距离(m)	污染源 1		污染源 2		污染源…	
	预测质量浓度 ($\mu g/m^3$)	占标率(%)	预测质量浓度 ($\mu g/m^3$)	占标率(%)	预测质量浓度 ($\mu g/m^3$)	占标率(%)
50						
75						
…						
下风向最大质量浓度及占标率(%)						
$D_{10\%}$最远距离(m)						

2. 评价工作分级方法

根据项目污染源初步调查结果,分别计算项目排放主要污染物的最大地面空气质量浓度占标率 P_i(第 i 个污染物,简称"最大浓度占标率"),及第 i 个污染物的地面空气质量浓度达到标准值的 10％时所对应的最远距离 $D_{10\%}$。其中 P_i 定义见式(4.2.1)。

$$P_i = \frac{C_i}{C_{0i}} \times 100\% \tag{4.2.1}$$

式中,P_i 为第 i 个污染物的最大地面空气质量浓度占标率,％;C_i 为采用估算模型计算出的第 i 个污染物的最大 1 h 地面空气质量浓度,$\mu g/m^3$;C_{0i} 为第 i 个污染物的环境空气质量浓度标准,$\mu g/m^3$。一般选用表 4.2-2 和 4.2-3 中 1 h 平均质量浓度的二级浓度限值,如项目位于一类环境空气功能区,应选择相应的一级浓度限值;对表 4.2-2 和 4.2-3 中未包含的污染物,使用表 4.2-4 确定的各评价因子 1 h 平均质量浓度限值。对仅有 8 h 平均质量浓度限值、日平均质量浓度限值或年平均质量浓度限值的,可分别按 2 倍、3 倍、6 倍折算为 1 h 平均质量浓度限值。

评价等级按表 4.2-8 的分级判据进行划分。最大地面空气质量浓度占标率 P_i 按式(4.2.1)计算,如污染物数 i 大于 1,取 P 值中最大者 P_{max}。

表 4.2-8　评价等级判别表

评价工作等级	评价工作分级判据
一级评价	$P_{max} \geqslant 10\%$
二级评价	$1\% \leqslant P_{max} < 10\%$
三级评价	$P_{max} < 1\%$

评价等级的判定还应遵守以下规定：

（1）同一项目有多个污染源（两个及以上，下同）时，则按各污染源分别确定评价等级，并取评价等级最高者作为项目的评价等级。

（2）对电力、钢铁、水泥、石化、化工、平板玻璃、有色金属等高耗能行业的多源项目或以使用高污染燃料为主的多源项目，编制环境影响报告书的项目评价等级提高一级。

（3）对等级公路、铁路项目，分别按项目沿线主要集中式排放源（如服务区、车站大气污染源）排放的污染物计算其评价等级。

（4）对新建包含 1 km 及以上隧道工程的城市快速路、主干路等城市道路项目，按项目隧道主要通风竖井及隧道出口排放的污染物计算其评价等级。

二、大气影响评价范围

（1）一级评价项目根据建设项目排放污染物的最远影响距离（$D_{10\%}$）确定大气环境影响评价范围。即以项目厂址为中心区域，自厂界外延 $D_{10\%}$ 的矩形区域作为大气环境影响评价范围。当 $D_{10\%}$ 超过 25 km 时，确定评价范围为边长 50 km 的矩形区域；当 $D_{10\%}$ 小于 2.5 km 时，评价范围边长取 5 km。

（2）二级评价项目大气环境影响评价范围边长取 5 km。

（3）三级评价项目不需设置大气环境影响评价范围。

第三节 环境空气质量现状调查与评价

一、调查内容和目的

1. 一级评价项目

（1）调查项目所在区域环境质量达标情况，作为项目所在区域是否为达标区的判断依据。

（2）调查评价范围内有环境质量标准的评价因子的环境质量监测数据或进行补充监测，用于评价项目所在区域污染物环境质量现状，以及计算环境空气保护目标和网格点的环境质量现状浓度。

2. 二级评价项目

（1）调查项目所在区域环境质量达标情况。

(2)调查评价范围内有环境质量标准的评价因子的环境质量监测数据或进行补充监测,用于评价项目所在区域污染物环境质量现状。

3. 三级评价项目

只调查项目所在区域环境质量达标情况。

二、数据来源

1. 基本污染物环境质量现状数据

(1)项目所在区域达标判定,优先采用国家或地方生态环境主管部门公开发布的评价基准年环境质量公告或环境质量报告中的数据或结论。

(2)采用评价范围内国家或地方环境空气质量监测网中评价基准年连续 1 年的监测数据,或采用生态环境主管部门公开发布的环境空气质量现状数据。

(3)评价范围内没有环境空气质量监测网数据或公开发布的环境空气质量现状数据的,可选择符合《环境空气质量监测点位布设技术规范(试行)》(HJ 664—2013)规定,并且与评价范围地理位置邻近,地形、气候条件相近的环境空气质量城市点或区域点监测数据。

(4)对于位于环境空气质量一类区的环境空气保护目标或网格点,各污染物环境质量现状浓度可取符合《环境空气质量监测点位布设技术规范(试行)》(HJ 664—2013)规定,并且与评价范围地理位置邻近,地形、气候条件相近的环境空气质量区域点或背景点监测数据。

2. 其他污染物环境质量现状数据

(1)优先采用评价范围内国家或地方环境空气质量监测网中评价基准年连续 1 年的监测数据。

(2)评价范围内没有环境空气质量监测网数据或公开发布的环境空气质量现状数据的,可收集评价范围内近 3 年与项目排放的其他污染物有关的历史监测资料。

三、补充监测

在没有以上相关监测数据或监测数据不能满足评价内容和方法规定的评价要求时,应进行补充监测。

1. 监测时段

(1)根据监测因子的污染特征,选择污染较重的季节进行现状监测。补充监测应至少取得 7 d 有效数据。

(2)对于部分无法进行连续监测的其他污染物,可监测其一次空气质量浓度,监测时次应满足所用评价标准的取值时间要求。

2. 监测布点

以近 20 年统计的当地主导风向为轴向,在厂址及主导风向下风向 5 km 范围内设置 1～2 个监测点。如需在一类区进行补充监测,监测点应设置在不受人为活动影响的区域。

3. 监测方法

应选择符合监测因子对应环境质量标准或参考标准所推荐的监测方法,并在评价报告中注明。

4. 监测采样

环境空气监测中的采样点、采样环境、采样高度及采样频率,按《环境空气质量监测点位布设技术规范(试行)》(HJ 664—2013)及相关评价标准规定的环境监测技术规范执行。

四、评价内容与方法

1. 项目所在区域达标判断

(1)城市环境空气质量达标情况评价指标为 SO_2、NO_2、PM10、PM2.5、CO 和 O_3,6 项污染物全部达标即为城市环境空气质量达标。

(2)根据国家或地方生态环境主管部门公开发布的城市环境空气质量达标情况,判断项目所在区域是否属于达标区。如项目评价范围涉及多个行政区(县级或以上,下同),需分别评价各行政区的达标情况,若存在不达标行政区,则判定项目所在评价区域为不达标区。

(3)国家或地方生态环境主管部门未发布城市环境空气质量达标情况的,可按照《环境空气质量评价技术规范(试行)》(HJ 663—2013)中各评价项目的年评价指标进行判定。年评价指标中的年均浓度和相应百分位数 24 h 平均或 8 h 平均质量浓度满足《环境空气质量标准》(GB 3095—2012)中浓度限值要求的即为达标。

2. 各污染物的环境质量现状评价

(1)长期监测数据的现状评价内容,按《环境空气质量评价技术规范(试行)》(HJ 663—2013)中的统计方法对各污染物的年评价指标进行环境质量现状评价。对于超标的污染物,计算其超标倍数和超标率。

(2)补充监测数据的现状评价内容,分别对各监测点位不同污染物的短期浓度进行环境质量现状评价。对于超标的污染物,计算其超标倍数和超标率。

3. 环境空气保护目标及网格点环境质量现状浓度

(1)对采用多个长期监测点位数据进行现状评价的,取各污染物相同时刻各监测点位的浓度平均值,作为评价范围内环境空气保护目标及网格点环境质量现状浓度,计算方法见式(4.3.1)。

$$C_{现状(x,y,t)} = \frac{1}{n} \sum_{j=1}^{n} C_{现状(j,t)} \tag{4.3.1}$$

式中,$C_{现状(x,y,t)}$为环境空气保护目标及网格点(x,y)在t时刻环境质量现状浓度,$\mu g/m^3$;$C_{现状(j,t)}$为第j个监测点位在t时刻环境质量现状浓度(包括短期浓度和长期浓度),$\mu g/m^3$;n为长期监测点位数。

(2)对采用补充监测数据进行现状评价的,取各污染物不同评价时段监测浓度的最大值,作为评价范围内环境空气保护目标及网格点环境质量现状浓度。对于有多个监测点位数据的,先计算相同时刻各监测点位平均值,再取各监测时段平均值中的最大值。计算方法见式(4.3.2)。

$$C_{现状(x,y)} = \max \left[\frac{1}{n} \sum_{j=1}^{n} C_{监测(j,t)} \right] \tag{4.3.2}$$

式中,$C_{现状(x,y)}$为环境空气保护目标及网格点(x,y)环境质量现状浓度,$\mu g/m^3$;$C_{监测(j,t)}$为第j个监测点位在t时刻环境质量现状浓度(包括1 h平均、8 h平均或日平均质量浓度),$\mu g/m^3$;n为现状补充监测点位数。

4. 环境空气质量现状评价内容与格式

(1)空气质量达标区判定,包括各评价因子的浓度、标准及达标判定结果等,内容要求参见表4.3-1。

表 4.3-1 区域空气质量现状评价表

污染物	年评价指标	现状浓度 ($\mu g/m^3$)	标准值 ($\mu g/m^3$)	占标率(%)	达标情况
	年平均质量浓度				
	百分位数日平均或8 h平均质量浓度				

(2)基本污染物环境质量现状,包括监测点位、污染物、评价标准、现状浓度及达标判定等,内容要求见表 4.3-2。

表 4.3-2　基本污染物环境质量现状

点位名称	监测点坐标(m)		污染物	年评价指标	评价标准(μg/m³)	现状浓度(μg/m³)	最大浓度占标率(%)	超标频率(%)	达标情况
	X	Y							

(3)其他污染物环境质量现状,包括其他污染物的监测点位、监测因子、监测时段及监测结果等内容,参见表 4.3-3 和表 4.3-4。

表 4.3-3　其他污染物补充监测点位基本信息

监测点名称	监测点坐标(m)		监测因子	监测时段	相对厂址方位	相对厂界距离(m)
	X	Y				

表 4.3-4　其他污染物环境质量现状(监测结果)表

监测点位	监测点坐标(m)		污染物	平均时间	评价标准(μg/m³)	监测浓度范围(μg/m³)	最大浓度占标率(%)	超标率(%)	达标情况
	X	Y							

第五章 声环境影响与评价

第一节 声环境影响与评价概述

一、基本概念

1. 环境噪声

环境噪声指在工业生产、建筑施工、交通运输和社会生活中所产生的干扰周围生活环境的声音（频率在 20～20 000 Hz 的可听声范围内）。

2. 固定声源

在声源发声时间内，声源位置不发生移动的声源。

3. 流动声源

在声源发声时间内，声源位置按一定轨迹移动的声源。

4. 点声源

以球面波形式辐射声波的声源，辐射声波的声压幅值与声波传播距离 (r) 成反比。任何形状的声源，只要声波波长远远大于声源几何尺寸，该声源可视为点声源。在声环境影响评价中，声源中心到预测点之间的距离超过声源最大几何尺寸 2 倍时，可将该声源近似为点声源。

5. 线声源

以柱面波形式辐射声波的声源，辐射声波的声压幅值与声波传播距离的平方根 (r) 成反比。

6. 面声源

以平面波形式辐射声波的声源，辐射声波的声压幅值不随传播距离改变（不考虑空气吸收）。

7. 贡献值

由建设项目自身声源在预测点产生的声级。

8. 背景值

不含建设项目自身声源影响的环境声级。

9. 预测值

预测点的贡献值和背景值按能量叠加方法计算得到的声级。

10. A 声级

用 A 计权网络测得的声压级,用 L_A 表示,单位 dB(A)。

11. 等效声级

等效连续 A 声级的简称,指在规定测量时间 T 内 A 声级的能量平均值,用 $L_{Aeq,T}$ 表示(简写为 L_{eq}),单位 dB(A)。除特别指明外,本书中噪声限值皆为等效声级。

根据定义,等效声级表示为

$$L_{eq} = 10\lg\left(\frac{1}{T}\int_0^T 10^{0.1 \times L_A}\,\mathrm{d}t\right) \tag{5.1.1}$$

式中,L_A 为 t 时刻的瞬时 A 声级;T 为规定的测量时间段。

12. 昼间、夜间

根据《中华人民共和国环境噪声污染防治法》,"昼间"是指 6:00 至 22:00 之间的时段;"夜间"是指 22:00 至次日 6:00 之间的时段。县级以上人民政府为环境噪声污染防治的需要(如考虑时差、作息习惯差异等)而对昼间、夜间的划分另有规定的,应按其规定执行。

13. 昼间等效声级、夜间等效声级

在昼间时段内测得的等效连续 A 声级称为昼间等效声级,用 L_d 表示,单位为 dB(A)。

在夜间时段内测得的等效连续 A 声级称为夜间等效声级,用 L_n 表示,单位为 dB(A)。

14. 最大声级

在规定的测量时间段内或对某一独立噪声事件,测得的 A 声级最大值,用 L_{max} 表示,单位为 dB(A)。

二、基本任务

评价建设项目实施引起的声环境质量的变化和外界噪声对需要安静建设项目的影响程度;提出合理可行的防治措施,把噪声污染降低到允许水平;从声

环境影响角度评价建设项目实施的可行性；为建设项目优化选址、选线、合理布局以及城市规划提供科学依据。

三、评价类别

(1)按评价对象划分,可分为建设项目声源对外环境的环境影响评价和外环境声源对需要安静建设项目的环境影响评价。

(2)按声源种类划分,可分为固定声源和流动声源的环境影响评价。

固定声源的环境影响评价,主要指工业(工矿企业和事业单位)和交通运输(包括航空、铁路、城市轨道交通、公路、水运等)固定声源的环境影响评价。

流动声源的环境影响评价,主要指在城市道路、公路、铁路、城市轨道交通上行驶的车辆以及从事航空和水运等运输工具,在行驶过程中产生的噪声环境影响评价。

(3)停车场、调车场、施工期施工设备、运行期物料运输、装卸设备等,可分别划分为固定声源或流动声源。

(4)建设项目既拥有固定声源,又拥有流动声源时,应分别进行噪声环境影响评价;同一敏感点既受到固定声源影响,又受到流动声源影响时,应进行叠加环境影响评价。

四、声环境影响评价标准

1.《声环境质量标准》(GB 3096—2008)

按区域的使用功能特点和环境质量要求,声环境功能区分为以下五种类型:

0 类声环境功能区,指康复疗养区等特别需要安静的区域。

1 类声环境功能区,指以居民住宅、医疗卫生、文化教育、科研设计、行政办公为主要功能,需要保持安静的区域。

2 类声环境功能区,指以商业金融、集市贸易为主要功能,或者居住、商业、工业混杂,需要维护住宅安静的区域。

3 类声环境功能区,指以工业生产、仓储物流为主要功能,需要防止工业噪声对周围环境产生严重影响的区域。

4 类声环境功能区,指交通干线两侧一定距离之内,需要防止交通噪声对周围环境产生严重影响的区域,包括 4a 类和 4b 类两种类型。4a 类为高速公路、一级公路、二级公路、城市快速路、城市主干路、城市次干路、城市轨道交通(地面段)、内河航道两侧区域;4b 类为铁路干线两侧区域。

各类声环境功能区适用表5.1-1规定的环境噪声等效声级限值。

表5.1-1　各类声环境功能区环境噪声限值　　　　单位:dB(A)

声环境功能区类别		时段	
		昼间	夜间
0类		50	40
1类		55	45
2类		60	50
3类		65	55
4类	4a类	70	60
	4b类	70	65

注:(1)表5.1-1中4b类声环境功能区环境噪声限值,适用于2011年1月1日起环境影响评价文件通过审批的新建铁路(含新开廊道的增建铁路)干线建设项目两侧区域。

(2)在下列情况下,铁路干线两侧区域不通过列车时的环境背景噪声限值,按昼间70 dB(A)、夜间55 dB(A)执行:①穿越城区的既有铁路干线;②对穿越城区的既有铁路干线进行改建、扩建的铁路建设项目。

既有铁路是指2010年12月31日前已建成运营的铁路或环境影响评价文件已通过审批的铁路建设项目。

(3)各类声环境功能区夜间突发噪声,其最大声级超过环境噪声限值的幅度不得高于15 dB(A)。

2.《建筑施工场界环境噪声排放标准》(GB 12523—2011)

该标准规定建筑施工过程中场界环境噪声不得超过表5.1-2规定的排放限值。

表5.1-2　建筑施工场界环境噪声排放限值　　　　单位:dB(A)

昼间	夜间
70	55

注:(1)夜间噪声最大声级超过限值的幅度不得高于15 dB(A)。

(2)当场界距噪声敏感建筑物较近,其室外不满足测量条件时,可在噪声敏感建筑物室内测量,并将表5.1-2中相应的限值减10 dB(A)作为评价依据。

3.《工业企业厂界环境噪声排放标准》(GB 12348—2008)

本标准规定工业企业厂界环境噪声不得超过表5.1-3规定的排放限值。

表 5.1-3　工业企业厂界环境噪声排放限值　　　　单位:dB(A)

厂界外声环境功能区类别	时段	
	昼间	夜间
0 类	50	40
1 类	55	45
2 类	60	50
3 类	65	55
4 类	70	55

第二节　声环境影响评价等级与范围

一、声环境影响评价工作等级

1. 划分依据

声环境影响评价工作等级划分依据包括:

(1)建设项目所在区域的声环境功能区类别。

(2)建设项目建设前后所在区域的声环境质量变化程度。

(3)受建设项目影响人口的数量。

2. 评价量

(1)声环境质量评价量。根据《声环境质量标准》(GB 3096—2008),声环境功能区的环境质量评价量为昼间等效声级(L_d)、夜间等效声级(L_n),突发噪声的评价量为最大 A 声级(L_{max})。

(2)声源源强表达量。A 声功率级(L_{Aw}),或中心频率为 63~8 000 Hz 8 个倍频带的声功率级(L_w);距离声源 r 处的 A 声级[$L_{A(r)}$]或中心频率为 63~8 000 Hz 8 个倍频带的声压级[$L_{p(r)}$];有效感觉噪声级(LEPN)。

(3)厂界、场界、边界噪声评价量。根据《工业企业厂界环境噪声排放标准》(GB 12348—2008)、《建筑施工场界噪声限值》(GB 12523—2011)工业企业厂界、建筑施工场界噪声评价量为昼间等效声级(L_d)、夜间等效声级(L_n)、室内噪声倍频带声压级,频发、偶发噪声的评价量为最大 A 声级(L_{max})。

3. 评价等级划分

声环境影响评价工作等级一般分为三级:一级为详细评价,二级为一般性评价,三级为简要评价。

(1)评价范围内有适用于 GB 3096—2008 规定的 0 类声环境功能区域,以及对噪声有特别限制要求的保护区等敏感目标,或建设项目建设前后评价范围内敏感目标噪声级增高量达 5 dB(A)以上[不含 5 dB(A)],或受影响人口数量显著增多时,按一级评价。

(2)建设项目所处的声环境功能区为 GB 3096—2008 规定的 1 类、2 类地区,或建设项目建设前后评价范围内敏感目标噪声级增高量为 3~5 dB(A)[含5 dB(A)],或受噪声影响人口数量增加较多时,按二级评价。

(3)建设项目所处的声环境功能区为 GB 3096—2008 规定的 3 类、4 类地区,或建设项目建设前后评价范围内敏感目标噪声级增高量在 3 dB(A)以下[不含 3 dB(A)],且受影响人口数量变化不大时,按三级评价。

在确定评价工作等级时,如建设项目符合两个以上级别的划分原则,按较高级别的评价等级评价。

二、声环境影响评价工作范围

声环境影响评价范围依据评价工作等级确定。对于以固定声源为主的建设项目(如工厂、港口、施工工地、铁路站场等):

(1)满足一级评价的要求,一般以建设项目边界向外 200 m 为评价范围;

(2)二级、三级评价范围可根据建设项目所在区域和相邻区域的声环境功能区类别及敏感目标等实际情况适当缩小。

(3)如依据建设项目声源计算得到的贡献值到 200 m 处,仍不能满足相应功能区标准值时,应将评价范围扩大到满足标准值的距离。

第三节 声环境现状调查与评价

一、主要调查内容

1. 影响声波传播的环境要素

调查建设项目所在区域的主要气象特征:年平均风速和主导风向,年平均气温,年平均相对湿度等。

收集评价范围内1:(2 000～50 000)地理地形图,说明评价范围内声源和敏感目标之间的地貌特征、地形高差及影响声波传播的环境要素。

2. 声环境功能区划

调查评价范围内不同区域的声环境功能区划情况,调查各声环境功能区的声环境质量现状。

3. 敏感目标

调查评价范围内的敏感目标的名称、规模、人口的分布等情况,并以图、表相结合的方式说明敏感目标与建设项目的关系(如方位、距离、高差等)。

4. 现状声源

建设项目所在区域的声环境功能区的声环境质量现状超过相应标准要求或噪声值相对较高时,需对区域内的主要声源的名称、数量、位置、影响的噪声级等相关情况进行调查。

有厂界(或场界、边界)噪声的改、扩建项目,应说明现有建设项目厂界(或场界、边界)噪声的超标、达标情况及超标原因。

二、调查方法

环境现状调查的基本方法:①收集资料法;②现场调查法;③现场测量法。评价时,应根据评价工作等级的要求确定需采用的具体方法。

三、现状监测

1. 监测布点原则

(1)布点应覆盖整个评价范围,包括厂界(或场界、边界)和敏感目标。当敏感目标高于(含)三层建筑时,还应选取有代表性的不同楼层设置测点。

(2)评价范围内没有明显的声源(如工业噪声、交通运输噪声、建设施工噪声、社会生活噪声等),且声级较低时,可选择有代表性的区域布设测点。

(3)评价范围内有明显的声源,并对敏感目标的声环境质量有影响,或建设项目为改、扩建工程,应根据声源种类采取不同的监测布点原则。

1)当声源为固定声源时,现状测点应重点布设在可能既受到现有声源影响,又受到建设项目声源影响的敏感目标处,以及有代表性的敏感目标处;为满足预测需要,也可在距离现有声源不同距离处设衰减测点。

2)当声源为流动声源,且呈现线声源特点时,现状测点位置选取应兼顾敏感目标的分布状况、工程特点及线声源噪声影响随距离衰减的特点,布设在具有代表性的敏感目标处。为满足预测需要,也可选取若干线声源的垂线,在垂线上距声源不同距离处布设监测点。其余敏感目标的现状声级可通过具有代表性的敏感目标实测噪声的验证并结合计算求得。

2. 监测执行的标准

声环境质量监测执行《声环境质量标准》(GB 3096—2008)。

工业企业厂界环境噪声测量执行《工业企业厂界环境噪声排放标准》(GB 12348—2008)。

建筑施工场界噪声测量执行《建筑施工场界环境噪声排放标准》(GB 12523—2011)。

四、现状评价

(1)以图、表结合的方式给出评价范围内的声环境功能区及其划分情况,以及现有敏感目标的分布情况。

(2)分析评价范围内现有主要声源种类、数量及相应的噪声级、噪声特性等,明确主要声源分布,评价厂界(或场界、边界)超、达标情况。

(3)分别评价不同类别的声环境功能区内各敏感目标的超、达标情况,说明其受到现有主要声源的影响状况。

(4)给出不同类别的声环境功能区噪声超标范围内的人口数量及分布情况。

第六章 地表水环境影响与评价

第一节 地表水环境影响与评价概述

一、基本概念

1. 近岸海域

距大陆海岸较近的海域。

注:已公布领海基点的海域指领海外部界限至大陆海岸之间的海域,渤海和北部湾一般指水深 10 m 以浅海域。

2. 沿岸海域

近岸海域之内靠近大陆海岸,水文要素受陆地气象条件和径流影响大的海域。

注:一般指距大陆海岸 10 km 以内的海域。

3. 海洋生态环境敏感区

海洋生态服务功能价值较高,且遭受损害后较难恢复其功能的海域。

注:主要包括自然保护区,珍稀濒危海洋生物的天然集中分布区,海湾、河口海域,领海基点及其周边海域,海岛及其周围海域,重要的海洋生态系统和特殊生境(红树林、珊瑚礁等),重要的渔业水域,海洋自然历史遗迹和自然景观等。

4. 混合区

向海洋排放的达标污染物稀释扩散后达到周围海域环境质量标准要求时所占用的海域面积。

注:以排水口为中心,以污染物稀释扩散后达到周围海域环境质量标准的最大距离为半径表示的圆面积。

5. 一级处理

在格栅、沉砂等预处理基础上，通过沉淀等去除污水中悬浮物的过程。包括投加混凝剂或生物污泥以提高处理效果的一级强化处理。

6. 二级处理

在一级处理基础上，用生物等方法进一步去除污水中胶体和溶解性有机物的过程。包括增加除磷脱氮功能的二级强化处理。

7. 再生处理

以污水为再生水源，使水质达到利用要求的深度处理。

二、水环境影响评价常用标准

1.《海水水质标准》(GB 3097—1997)

按照海域的不同使用功能和保护目标，海水水质分为四类：

第一类，适用于海洋渔业水域，海上自然保护区和珍稀濒危海洋生物保护区。

第二类，适用于水产养殖区，海水浴场，人体直接接触海水的海上运动或娱乐区，以及与人类食用直接有关的工业用水区。

第三类，适用于一般工业用水区，滨海风景旅游区。

第四类，适用于海洋港口水域，海洋开发作业区。

各类海水水质标准列于表 6.1-1

表 6.1-1　海水水质标准　　　　　　　　　　　　单位：mg/L

序号	项目	第一类	第二类	第三类	第四类
1	漂浮物质	海面不得出现油膜、浮沫和其他漂浮物质			海面无明显油膜、浮沫和其他漂浮物质
2	色、臭、味	海水不得有异色、异臭、异味			海水不得有令人厌恶和感到不快的色、臭、味
3	悬浮物质	人为增加的量≤10	人为增加的量≤100		人为增加的量≤150
4	大肠菌群≤ (个/升)	10 000 供人生食的贝类增养殖水质≤700			—
5	粪大肠菌群≤ (个/升)	2 000 供人生食的贝类增养殖水质≤140			—

（续表）

序号	项目	第一类	第二类	第三类	第四类
6	病原体	供人生食的贝类养殖水质不得含有病原体			
7	水温（℃）	人为造成的海水温升夏季不超过当时当地1℃，其他季节不超过2℃		人为造成的海水温升不超过当时当地4℃	
8	pH	7.8～8.5 同时不超出该海域正常变动范围的0.2pH 单位		6.8～8.8 同时不超出该海域正常变动范围的0.5 pH 单位	
9	溶解氧＞	6	5	4	3
10	化学需氧量（COD）≤	2	3	4	5
11	生化需氧量（BOD₅）≤	1	3	4	5
12	无机氮（以 N 计）≤	0.20	0.30	0.40	0.50
13	非离子氨（以 N 计）≤	0.020			
14	活性磷酸盐（以 P 计）≤	0.015	0.030		0.045
15	汞≤	0.000 05	0.000 2		0.000 5
16	镉≤	0.001	0.005	0.010	
17	铅≤	0.001	0.005	0.010	0.050
18	六价铬≤	0.005	0.010	0.020	0.050
19	总铬≤	0.05	0.10	0.20	0.50
20	砷≤	0.020	0.030	0.050	
21	铜≤	0.005	0.010	0.050	
22	锌≤	0.020	0.050	0.10	0.50
23	硒≤	0.010	0.020		0.050
24	镍≤	0.005	0.010	0.020	0.050

（续表）

序号	项目	第一类	第二类	第三类	第四类
25	氰化物≤	0.005		0.10	0.20
26	硫化物（以S计）≤	0.02	0.05	0.10	0.25
27	挥发性酚≤	0.005		0.010	0.050
28	石油类≤	0.05		0.30	0.50
29	六六六≤	0.001	0.002	0.003	0.005
30	滴滴涕≤	0.000 05	0.000 1		
31	马拉硫磷≤	0.000 5	0.001		
32	甲基对硫磷≤	0.000 5	0.001		
33	苯并(a)芘（$\sqrt{n}$/L）≤	0.0025			
34	阴离子表面活性剂(以 LAS 计)	0.03		0.10	
35	*放射性核素（Bq/L）	^{60}Co 0.03			
		^{90}Sr 4			
		^{106}Rn 0.2			
		^{134}Cs 0.6			
		^{137}Cs 0.7			

2.《海洋沉积物质量》(GB 18668—2002)

按照海域的不同使用功能和环境保护的目标,海洋沉积物质量分为三类。

第一类,适用于海洋渔业水域,海洋自然保护区,珍稀与濒危生物自然保护区,海水养殖区,海水浴场,人体直接接触沉积物的海上运动或娱乐区,与人类食用直接有关的工业用水区。

第二类,适用于一般工业用水区、滨海风景旅游区。

第三类,适用于海洋港口水域,特殊用途的海洋开发作业区。

沉积物质量标准列于表 6.1-2。

表 6.1-2 海洋沉积物质量标准

序号	项目	指标		
		第一类	第二类	第三类
1	废弃物及其他	海底无工业、生活废弃物,无大型植物碎屑和动物尸体等		海底无明显工业、生活废弃物,无明显大型植物碎屑和动物尸体等
2	色、臭、结构	沉积物无异色、异臭,自然结构		
3	大肠菌群(个/克湿重)≤	200[1]		
4	粪大肠菌群(个/克湿重)≤	40[2]		
5	病原体	供人生食的贝类增养殖底质不得含有病原体		
6	汞($\times 10^{-6}$)≤	0.20	0.50	1.00
7	镉($\times 10^{-6}$)≤	0.50	1.50	5.00
8	铅($\times 10^{-6}$)≤	60.0	130.0	250.0
9	锌($\times 10^{-6}$)≤	150.0	350.0	600.0
10	铜($\times 10^{-6}$)≤	35.0	100.0	200.0
11	铬($\times 10^{-6}$)≤	80.0	150.0	270.0
12	砷($\times 10^{-6}$)≤	20.0	65.0	93.0
13	有机碳($\times 10^{-6}$)≤	2.0	3.0	4.0
14	硫化物($\times 10^{-6}$)≤	300.0	500.0	600.0
15	石油类($\times 10^{-6}$)≤	500.0	1 000.0	1 500.0
16	六六六($\times 10^{-6}$)≤	0.50	1.00	1.50
17	滴滴涕($\times 10^{-6}$)≤	0.02	0.05	0.10
18	多氯联苯($\times 10^{-6}$)≤	0.02	0.20	0.60

除大肠菌群、粪大肠菌群、病原体外,其余数值测定项目(序号 6～18)均以干重计。
①对供人生食的贝类增养殖底质,大肠菌群(个/克湿重)要求≤14。
②对供人生食的贝类增养殖底质,粪大肠菌群(个/克湿重)要求≤3。

3.《污水排入城镇下水道水质标准》(GB/T 31962—2015)

根据城镇下水道末端污水处理厂的处理程度,将控制项目限值分为 A、B、C

三个等级,见表 6.1-3。

(1)采用再生处理时,排入城镇下水道的污水水质应符合 A 级的规定。

(2)采用二级处理时,排入城镇下水道的污水水质应符合 B 级的规定。

(3)采用一级处理时,排入城镇下水道的污水水质应符合 C 级的规定。

下水道末端无城镇污水处理设施时,排入城镇下水道的污水水质,应根据污水的最终去向符合国家和地方现行污染物排放标准,且应符合 C 级的规定。

表 6.1-3 污水排入城镇下水道水质控制项目限值

序号	控制项目名称	单位	A 级	B 级	C 级
1	水温	℃	40	40	40
2	色度	倍	64	64	64
3	易沉固体	mL/(L·15 min)	10	10	10
4	悬浮物	mg/L	400	400	250
5	溶解性总固体	mg/L	1 500	2 000	2 000
6	动植物油	mg/L	100	100	100
7	石油类	mg/L	15	15	10
8	pH	—	6.5~9.5	6.5~9.5	6.5~9.5
9	五日生化需氧量(BOD_5)	mg/L	350	350	150
10	化学需氧量(COD_{Cr})	mg/L	500	500	300
11	氨氮(以 N 计)	mg/L	45	45	25
12	总氮(以 N 计)	mg/L	70	70	45
13	总磷(以 P 计)	mg/L	8	8	5
14	阴离子表面活性剂(LAS)	mg/L	20	20	10
15	总氰化物	mg/L	0.5	0.5	0.5
16	总余氯(以 Cl_2 计)	mg/L	8	8	8
17	硫化物	mg/L	1	1	1
18	氟化物	mg/L	20	20	20
19	氯化物	mg/L	500	800	800
20	硫酸盐	mg/L	400	600	600
21	总汞	mg/L	0.005	0.005	0.005

（续表）

序号	控制项目名称	单位	A 级	B 级	C 级
22	总镉	mg/L	0.05	0.05	0.05
23	总铬	mg/L	1.5	1.5	1.5
24	六价铬	mg/L	0.5	0.5	0.5
25	总砷	mg/L	0.3	0.3	0.3
26	总铅	mg/L	0.5	0.5	0.5
27	总镍	mg/L	1	1	1
28	总铍	mg/L	0.005	0.005	0.005
29	总银	mg/L	0.5	0.5	0.5
30	总硒	mg/L	0.5	0.5	0.5
31	总铜	mg/L	2	2	2
32	总锌	mg/L	5	5	5
33	总锰	mg/L	2	5	5
34	总铁	mg/L	5	10	10
35	挥发酚	mg/L	1	1	0.5
36	苯系物	mg/L	2.5	2.5	1
37	苯胺类	mg/L	5	5	2
38	硝基苯类	mg/L	5	5	3
39	甲醛	mg/L	5	5	2
40	三氯甲烷	mg/L	1	1	0.6
41	四氯化碳	mg/L	0.5	0.5	0.06
42	三氯乙烯	mg/L	1	1	0.6
43	四氯乙烯	mg/L	0.5	0.5	0.2
44	可吸附有机卤素（AOX，以 Cl 计）	mg/L	8	8	5
45	有机磷农药（以 P 计）	mg/L	0.5	0.5	0.5
46	五氯酚	mg/L	5	5	5

第二节　地表水环境影响评价内容与评价等级

一、《环境影响评价技术导则　地表水环境》(HJ 2.3—2018)规定的评价因子与评价等级

1. 评价因子

地表水环境影响因素识别应按照 HJ 2.1 的要求,分析建设项目建设阶段、生产运行阶段和服务期满后(可根据项目情况选择,下同)各阶段对地表水环境质量、水文要素的影响行为。

(1)水污染影响型建设项目评价因子的筛选应符合以下要求:

1)按照污染源源强核算技术指南,开展建设项目污染源与水污染因子识别,结合建设项目所在水环境控制单元或区域水环境质量现状,筛选出水环境现状调查评价与影响预测评价的因子;

2)行业污染物排放标准中涉及的水污染物应作为评价因子;

3)在车间或车间处理设施排放口排放的第一类污染物应作为评价因子;

4)水温应作为评价因子;

5)面源污染所含的主要污染物应作为评价因子;

6)建设项目排放的,且为建设项目所在控制单元的水质超标因子或潜在污染因子(指近三年来水质浓度值呈上升趋势的水质因子),应作为评价因子。

(2)水文要素影响型建设项目评价因子,应根据建设项目对地表水体水文要素影响的特征确定。

河流、湖泊及水库主要评价水面面积、水量、水温、径流过程、水位、水深、流速、水面宽、冲淤变化等因子,湖泊和水库需要重点关注湖底水域面积或蓄水量及水力停留时间等因子。感潮河段、入海河口及近岸海域主要评价流量、流向、潮区界、潮流界、纳潮量、水位、流速、水面宽、水深、冲淤变化等因子。

(3)建设项目可能导致受纳水体富营养化的,评价因子还应包括与富营养化有关的因子(如总磷、总氮、叶绿素 a、高锰酸盐指数和透明度等。其中,叶绿素 a 为必须评价的因子)。

2. 评价等级

建设项目地表水环境影响评价等级按照影响类型、排放方式、排放量或影响情况、受纳水体环境质量现状、水环境保护目标等综合确定。

（1）水污染影响型建设项目。水污染影响型建设项目根据排放方式和废水排放量划分评价等级，见表6.2-1。直接排放建设项目评价等级分为一级、二级和三级 A，根据废水排放量、水污染物污染当量数确定。间接排放建设项目评价等级为三级 B。

表 6.2-1　水污染影响型建设项目评价等级判定

评价等级	判定依据	
	排放方式	废水排放量 Q(m³/d)； 水污染物当量数 W（无量纲）
一级	直接排放	$Q \geqslant 20\ 000$ 或 $W \geqslant 600\ 000$
二级	直接排放	其他
三级 A	直接排放	$Q < 200$ 且 $W < 6\ 000$
三级 B	间接排放	—

注 1. 水污染物当量数等于该污染物的年排放量除以该污染物的污染当量值（见 HJ 2-3 附录 A），计算排放污染物的污染物当量数，应区分第一类水污染物和其他类水污染物，统计第一类污染物当量数总和，然后与其他类污染物按照污染物当量数从大到小排序，取最大当量数作为建设项目评价等级确定的依据。

2. 废水排放量按行业排放标准中规定的废水种类统计，没有相关行业排放标准要求的通过工程分析合理确定，应统计含热量大的冷却水的排放量，可不统计间接冷却水、循环水以及其他含污染物极少的清净下水的排放量。

3. 厂区存在堆积物（露天堆放的原料、燃料、废渣等以及垃圾堆放场）、降尘污染的，应将初期雨污水纳入废水排放量。

（2）水文要素影响型建设项目。水文要素影响型建设项目评价等级划分根据水温、径流与受影响地表水域等三类水文要素的影响程度进行判定，见表6.2-2。

表 6.2-2　水文要素影响型建设项目评价等级判定

评价等级	水温		径流	受影响地表水域		
	年径流量与总库容百分比 α(%)	兴利库容与年径流量百分比 β(%)	取水量占多年平均径流量百分比 γ(%)	工程垂直投影面积及外扩范围 A_1(km²);工程扰动水底面积 A_2(km²);过水断面宽度占用比例或占用水域面积比例 R(%)		工程垂直投影面积及外扩范围 A_1(km²);工程扰动水底面积 A_2(km²)
				河流	湖库	入海河口、近岸海域
一级	$\alpha \leqslant 10$;或稳定分层	$\beta \geqslant 20$;或完全年调节与多年调节	$\gamma \geqslant 30$	$A_1 \geqslant 0.3$;或 $A_2 \geqslant 1.5$;或 $R \geqslant 10$	$A_1 \geqslant 0.3$;或 $A_2 \geqslant 1.5$;或 $R \geqslant 20$	$A_1 \geqslant 0.5$;或 $A_2 \geqslant 3$
二级	$20 > \alpha > 10$;或不稳定分层	$20 \geqslant \beta > 2$;或季调节与不完全年调节	$30 > \gamma > 10$	$0.3 > A_1 > 0.05$;或 $1.5 > A_2 > 0.2$;或 $10 > R > 5$	$0.3 > A_1 > 0.05$;或 $1.5 > A_2 > 0.2$;或 $20 > R > 5$	$0.5 > A_1 > 0.15$;或 $3 > A_2 > 0.5$
三级	$\alpha \geqslant 20$;或混合型	$\beta \leqslant 2$;或无调节	$\gamma \leqslant 10$	$A_1 \leqslant 0.05$;或 $A_2 \leqslant 0.2$;或 $R \leqslant 5$	$A_1 \leqslant 0.05$;或 $A_2 \leqslant 0.2$;或 $R \leqslant 5$	$A_1 \leqslant 0.15$;或 $A_2 \leqslant 0.5$

注 1. 影响范围涉及饮用水水源保护区、重点保护与珍稀水生生物的栖息地、重要水生生物的自然产卵场、自然保护区等保护目标,评价等级应不低于二级。

2. 跨流域调水、引水式电站、可能受到河流感潮河段影响,评价等级不低于二级。

3. 造成入海河口(湾口)宽度束窄(束窄尺度达到原宽度的 5% 以上),评价等级应不低于二级。

4. 对不透水的单方向建筑尺度较长的水工建筑物(如防波堤、导流堤等),其与潮流或水流主流向切线垂直方向投影长度大于 2 km 时,评价等级应不低于二级。

5. 允许在一类海域建设的项目,评价等级为一级。

6. 同时存在多个水文要素影响的建设项目,分别判定各水文要素影响评价等级,并取其中最高等级作为水文要素影响型建设项目评价等级。

二、《海洋工程环境影响评价技术导则》(GB/T 19485—2014)规定的评价内容与评价等级

1. 评价内容

海洋工程建设项目的环境影响评价内容,依照建设项目的具体类型及其对海洋环境可能产生的影响,按表 6.2-3 确定。

表 6.2-3　海洋工程建设项目各单项环境影响评价内容

建设项目类型和内容	环境影响评价内容						
	海水水质环境	海洋沉积物环境	海洋生态和生物资源环境	海洋地形地貌与冲淤环境	海洋水文动力环境	环境风险	其他评价内容
围填海、海上堤坝工程:城镇建设填海、填海形成工程基础、连片的交通能源项目等填海、填海造地,围垦造地、海湾改造、滩涂改造等工程,人工岛、围海、滩涂围隔、海湾围隔等工程,需围填海的码头等工程,挖入式港池、船坞和码头等海中筑坝、护岸、围堤(堰)、防波(浪)堤、导流堤(坝)、潜堤(坝)、促淤冲淤、各类闸门等工程	★	★	★	★	★	★	☆
其他海洋工程:工程基础开挖,疏浚、冲(吹)填等工程,海中取土(沙)等工程;水下炸礁(岩)、爆破挤淤、海上和海床爆破等工程;污水海洋处置(污水排海)工程等,海上水产品加工等工程	★	★	★	★	☆	★	☆
注1:★为必选环境影响评价内容; 2:☆为依据建设项目具体情况可选环境影响评价内容; 3:其他评价内容中包括放射性、电磁辐射、热污染、大气、噪声、固体废弃物、景观、人文遗迹等评价内容。							

（续表）

建设项目类型和内容	环境影响评价内容						
	海水水质环境	海洋沉积物环境	海洋生态和生物资源环境	海洋地形地貌与冲淤环境	海洋水文动力环境	环境风险	其他评价内容
a 当工程内容包括填海（人工岛等）、海上和海底物资（废弃物）储藏设施等空间资源利用时，应将地形地貌与冲淤环境列为必选评价内容； b 当工程内容为海砂开采、浅（滨）海水库、浅（滨）海地下水库时，应将海洋地形地貌与冲淤环境和海洋水文动力环境列为必选评价内容； c 当工程内容为低放射性废液排放入海工程时，应将放射性、热污染等列为必选评价内容； d 当工程内容包括需要填海的码头、挖入式池（码头）疏浚、冲（吹）填、海中取土（沙）等影响水文动力环境时，应将水文动力环境列为必选评价内容。							

2. 评价等级划分

海洋工程环境影响评价等级，依据建设项目的工程特点、工程规模和所在地区的环境特征划分，按表 6.2-4 确定。

表 6.2-4 海洋水文动力、海洋水质、海洋沉积、海洋生态和生物资源影响评价等级判据

海洋工程分类	工程类型和工程内容	工程规模	工程所在海域特征和生态环境类型	单项海洋环境影响评价等级			
				水文动力环境	水质环境	沉积物环境	生态和生物资源环境
围海、填海、海上堤坝类工程	城镇建设填海，工业与基础设施建设填海，区域（规划）开发填海，填海造地，填海围，海湾改造填海，滩涂改造填海，人工岛填海等填海工程	$50×10^4$ m² 以上	生态环境敏感区	1	1	1	1
			其他海域	1	2	2	1
		$5×10^4$～$30×10^4$ m²	生态环境敏感区	1	1	2	1
			其他海域	2	2	2	2
		$30×10^4$ m² 及其以下	生态环境敏感区	1	1	2	1
			其他海域	2	3	3	2

（续表）

海洋工程分类	工程类型和工程内容	工程规模	工程所在海域特征和生态环境类型	单项海洋环境影响评价等级			
				水文动力环境	水质环境	沉积物环境	生态和生物资源环境
围海、填海、海上堤坝类工程	各类围海工程；滩涂围隔、海湾围隔等围海工程	100×10^4 m² 以上	生态环境敏感区	1	1	2	1
			其他海域	1	2	2	1
		$100\times10^4\sim60\times10^4$ m²	生态环境敏感区	1	2	2	1
			其他海域	2	2	2	2
		60×10^4 m² 及其以下	生态环境敏感区	1	2	2	1
			其他海域	2	3	3	2
	海上堤坝工程；海中筑坝、护岸、围堤（堰）、防波（浪）堤、导流堤（坝）、潜堤（坝）、引堤（坝）等工程；海中堤防建设及维护工程；促淤冲淤工程；海中建闸等工程	长度大于 2 km	生态环境敏感区	1	1	2	1
			其他海域	2	2	2	2
		长度 2～1 km	生态环境敏感区	1	2	2	1
			其他海域	2	3	3	3
		长度 1～0.5 km	生态环境敏感区	2	2	2	2
			其他海域	3	3	3	3
	需要围填海的集装箱、液体化工、多用途等码头工程；需要围填海的客运码头，煤炭、矿石等散杂货码头；渔码头等工程	年吞吐量大于100 万标准箱（500 万吨）	生态环境敏感区	1	1	1	1
			其他海域	1	2	2	1
		年吞吐量(100～50)万标准箱〔(500～100)万吨〕	生态环境敏感区	1	2	2	1
			其他海域	2	3	3	2

海洋地形地貌与冲淤环境评价等级按表 6.2-5 判定。

表 6.2-5　海洋地形地貌与冲淤环境影响评价等级判据

评价等级	工程类型和工程内容
1级	面积 $50×10^4$ m² 以上的围海、填海、海湾改造工程,围海筑坝、防波堤、导流堤(长度等于和大于 2 km)等工程;连片和单项海砂开采工程,其他类型海洋工程中不可逆改变或严重改变海岸线、滩涂、海床自然性状和产生较严重冲刷、淤积的工程项目
2级	面积 $50×10^4$～$30×10^4$ m² 的围海、填海、海湾改造工程,围海筑坝、防波堤、导流堤(长度 1～2 km)等工程;其他类型海洋工程中较严重改变岸线、滩涂.海床自然性和产生冲刷、淤积的工程项目
3级	面积 $30×10^4$～$20×10^4$ m² 的围海、填海、海湾改造工程,围海筑坝、防波堤、导流堤(长度 0.5～1 km)等工程;其他类型海洋工程中改变海岸线、滩涂、海床自然性状和产生较轻微冲刷、淤积的工程项目

注:其他类型海洋工程的工程规模可按照表 6.2-4 中工程规模的分档确定。

3. 评价等级判定

　　海洋水文动力、海洋水质、海洋沉积物、海洋生态(含生物资源)的各单项环境影响评价等级,依据工程类型、工程规模,工程所在区域的环境特征和海洋生态类型,按表 6.2-3 分别判定;建设项目的环境影响评价等级取各单项环境影响评价等级中的最高等级。

　　一建设项目由多个工程内容组成时,应按照各个工程内容分别判定各单项的环境影响评价等级,并取所有工程内容各单项环境影响评价等级中的最高级别,作为建设项目的环境影响评价等级。例如,某建设项目由填海、护岸(防波堤)、疏浚、海中取沙(土)、吹填、栈桥等工程内容组成,应按照上述工程内容及其规模,分别判断其海洋水文动力、海洋地形地貌与冲淤、海洋水质、海洋沉积物、海洋生态环境的单项环境影响评价等级,然后取所有评价等级中的最高评价等级,作为建设项目的环境影响评价等级。

第三节 海洋水文动力环境现状调查与评价

一、资料收集与使用

用于海洋水文动力环境现状评价的数据资料获取原则:以收集有效的、满足评价范围和评价要求的历史资料为主,以现场补充调查获取的现状资料为辅。

应尽量收集与建设项目有关的历史资料和相应图件,注明其来源和时间,图件应标明等深线、主要岛屿、港口、航道、海岸线和海上建筑物等内容。图件比例尺应尽可能大。

收集的历史资料应包括水温、盐度、潮流、流向、流速、波浪、潮位、气象要素(气压、气温、降水、湿度、风速、风向、灾害性天气)等。海冰区还应包括海冰要素资料。

二、调查评价范围

1. 调查范围

水文动力环境的调查范围,应符合:

(1)调查范应大于或等于评价范围:调查范围以平面图方式表示,并给出控制点坐标。

(2)1级评价等级的建设项目应进行水文动力环境的现状调查。

(3)2级和3级评价等级的建设项目应以收集近5年项目所在海域的历史资料为主,当所收集的资料不能全面地表明评价海域水文动力环境现状时,应进行必要的现场补充调查。

2. 评价范围

1级、2级和3级评价等级建设项目的水文动力环境评价范围,应符合:

(1)垂向(垂直于工程所在海域中心的潮流主流向)距离:一般分别不小于5 km、3 km和2 km。

(2)纵向(潮流主流向)距离:1级和2级评价项目不小于一个潮周期内水质点可能达到的最大水平距离的两倍,3级评价项目不小于一个潮周期内水质点可能达到的最大水平距离。

(3)评价范围以平面图方式表示,并给出控制点坐标。

三、环境现状调查

1. 调查内容与方法

海洋水文动力环境的现状调查内容应包括水温、盐度、潮流（流速、流向）、波浪、潮位、水深、气压、气温、降水、湿度、风速、风向、灾害性天气等项目。

调查方法应按照《海洋调查规范》（GB/T 12763）的要求执行。

2. 调查站位布设

海洋水文动力环境的现状调查站位布设应符合下列要求：

（1）调查断面和站位的布设应符合全面覆盖（范围），点代表的站位布设原则。

（2）调查断面和站位的布设满足数值模拟或物理模型试验的边界控制和验证的要求。

（3）垂直评价海域的主潮流方向布设的断面，1级评价项目一般应不少于3条断面，每条断面应布设2~3个站位；2级评价一般应不少于2条，每条断面应布设2~3个站位；3级评价项目可结合评价需要，适当减少调查断面和站位。

3. 数据分析、处理的质量控制

海洋水文动力环境调查监测资料的数据分析和内部质量控制应符合《海洋调查规范 第2部分：海洋水文观测》（GB/T 12763.2）和《海洋监测规范 第2部分：数据处理与分析质量控制》（GB 17378.2）中的相关要求。

四、环境现状评价

海洋水文动力环境现状评价应结合海岸线和海底地形、地貌现状调查结果，详细、全面地阐述海洋水文、气象要素的现状分布与变化特征，并附以图表说明。主要应包括：

（1）各季节海水温度和盐度的平面分布、断面分布及周日变化；

（2）潮汐潮流特征，潮汐特征及类型，涨、落潮流最大值及方向，余流大小与方向，涨、落潮流历时，涨、落潮流随潮位（涨、落潮）的运动规律及旋转方向；

（3）流场特征与变化，涨、落急和涨、落潮的特征流速；

（4）潮位特征及其变化，典型潮位时的纳潮量及其变化，典型潮位时的水交换量、物理自净能力；

（5）最大风速、最小风速、平均风速及变化规律，典型日平均风速，主导风向、风速及频率等。

第四节　海洋水文动力环境影响预测与评价

一、评价与预测内容

1. 海洋水文动力环境影响评价

(1)1级、2级、3级评价等级的建设项目,应结合海岸线、海底地形地貌的现状调查和水文动力环境的现状调查,评价海域的水文动力环境现状;

(2)建设项目明显改变海岸线、海底地形地貌等自然地理属性时,应对项目建成后由于海岸线、围填海和构筑物(新形成的地形改变)、海底地形地貌的改变所引起的水文动力的环境变化及其影响,进行预测分析与评价。在预测分析与评价中应分别对建设阶段和营运阶段的水文动力环境影响进行预测分析和评价。

2.1级、2级评价等级的建设项目的预测

(1)预测工程后的潮流和余流的时间、空间分布性质与变化,包括涨、落潮流和余流的最大值及方向,涨、落潮流历时,潮流的运动规律及旋转方向等;

(2)预测工程后流场的特征与变化,含涨、落急和涨、落潮段平均流的特征及其变化;

(3)预测工程后的潮位特征及其变化,悬沙场的特征及其变化,预测波浪输沙、风暴聚淤等特征;

(4)海湾内的建设项目,应预测大、小潮的纳潮量及其变化,海湾水交换量、物理自净能力及其变化。

3.3级评价等级的建设项目的预测

(1)预测工程后的潮流时间、空间分布性质与变化,包括涨、落潮流最大值及方向,涨、落潮流历时,涨、落潮流随潮位(涨、落潮)变化的运动规律及旋转方向等;

(2)海湾内的建设项目,应预测工程后的典型潮位时的纳潮量及其变化,物理自净能力及其变化。

二、预测方法

可采用以下方法进行海洋水文动力环境的影响预测。

（1）模型实验法，包括数值模拟法和物理模型实验法，其中物理模型实验法适用于复杂海域或对水文动力和泥沙冲淤要求较高的影响预测项目，一般评价项目可采用数值模拟法；

（2）近似估算法，适用于评价等级较低的影响预测项目；

（3）类比法，适用于有成熟实践经验和检验结果，且具备类比条件的预测项目。

三、平面二维潮流模型

1. 基本方程

潮流运动可按下列方程控制。

（1）连续方程：

$$\frac{\partial \xi}{\partial t} + \frac{\partial}{\partial x}\left[(x+\xi)u\right] + \frac{\partial}{\partial y}\left[(h+\xi)\upsilon\right] = 0 \tag{6.4.1}$$

（2）x 向动量方程：

$$\frac{\partial u}{\partial t} + u\frac{\partial u}{\partial x} + \upsilon\frac{\partial u}{\partial y} - f\upsilon =$$

$$-g\frac{\partial \zeta}{\partial x} + \frac{\partial}{\partial x}\left(N_x\frac{\partial u}{\partial x}\right) + \frac{\partial}{\partial y}\left(N_y\frac{\partial u}{\partial y}\right) - f_b\frac{\sqrt{u^2+\upsilon^2}}{h+\zeta}u \tag{6.4.2}$$

（3）y 向动量方程：

$$\frac{\partial \upsilon}{\partial t} + u\frac{\partial \upsilon}{\partial x} + \upsilon\frac{\partial \upsilon}{\partial y} - fu =$$

$$-g\frac{\partial \zeta}{\partial x} + \frac{\partial}{\partial x}\left(N_x\frac{\partial \upsilon}{\partial x}\right) + \frac{\partial}{\partial y}\left(N_y\frac{\partial \upsilon}{\partial y}\right) - f_b\frac{\sqrt{u^2+\upsilon^2}}{h+\zeta}\upsilon \tag{6.4.3}$$

式中，ζ 为相对某一基面的水位，m；h 为相对某一基面的水深，m；N_x 为 x 向水流紊动黏性系数，m²/s；N_y 为 y 向水流紊动黏性系数，m²/s；f 为科氏系数；f_b 为底部摩阻系数。

2. 初始条件和边界条件

（1）初始条件。初始条件按式（6.4.4）～式（6.4.6）确定。

$$\zeta(x,y,t)\big|_{t=0} = \zeta_0(x,y) \tag{6.4.4}$$

$$u(x,y,t)\big|_{t=0} = u_0(x,y) \tag{6.4.5}$$

$$v(x,y,t)\big|_{t=0} = v_0(x,y) \tag{6.4.6}$$

式中，ζ_0、μ_0、ν_0 分别为 ζ、μ、ν 初始时刻的已知值。

（2）边界条件。当计算域内存在大面积潮间浅滩时，宜采用动边界技术处理露滩问题。

1）固边界。固边界应按下列方法确定。

法向流速为零：

$$\boldsymbol{V} \cdot \boldsymbol{n} = 0 \qquad (6.4.7)$$

式中，$\boldsymbol{n}$ 为固边界法方向。

2）水边界。潮流用已知潮位或流速控制：

$$\zeta(x, y, t)\big|_{\Gamma} = \zeta^{*}(x, y, t) \qquad (6.4.8)$$

或

$$\boldsymbol{V}(x, y, t)\big|_{\Gamma} = \boldsymbol{V}^{*}(x, y, t) \qquad (6.4.9)$$

四、工程影响模拟（举例）

海洋工程对水动力影响，需要根据工程设计资料，分别计算改变前后的流场状况，然后比较流场的变化，给出定性定量结论。

表 6.4-1 工程前后流向流速差值情况分析表

影响因子		影响程度		涨急时刻影响范围			落急时刻影响范围		
		变幅量值	影响程度	主要区域	范围（km²）	影响评估	主要区域	范围（km²）	影响评估
大潮期	流速变幅（m/s）	…							
			汇总						
	流向变幅（°）	…							
			汇总						
小潮期	流速变幅（m/s）	…							
			汇总						
	流向变幅（°）	…							
			汇总						

分别提取工程前后的涨急时刻、高潮时刻、落急时刻和低潮时刻等典型潮流场分布图。具体分析如下。

1. 工程前流场分析

(1)落急时刻:潮流从莱州湾的中部海域以 SSW—NNE 的方向流进该海域,并在模型北部边界以偏北方向流出。整体流速较急,自南向北流速从 0.15 m/s 增加到 0.5 m/s,在莱州市刁龙嘴西岸由于刁龙嘴的挑流作用,形成了最大流速达到 0.75 m/s 的急流区域。该区域位于莱州湾的东部,此时刻的水流形态是典型的莱州湾环流的重要组成部分。在海庙港西部海域,水流自南向北流动,流速约为 0.15 m/s,在口门西北大约 300 m 的地方,由于北向海流与港内的落潮流交汇,形成急流,局部流速达到 0.26 m/s。在海庙港海域,水流方向为 SW-NE,流速在 0.12 m/s 左右,在口门西北大约 200 m 的局部海域流速达到 0.16 m/s。

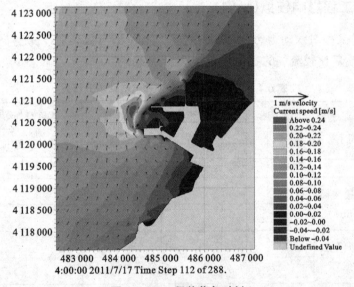

图 6.4-1 工程前落急时刻

(2)涨急时刻:潮流从莱州湾靠近东部岸线的海域向南涌入模拟区域,最大流速达到 0.7 m/s,在西边界以偏西的方向流出模拟区域。整体上看,该时刻流速较大,呈 NE—SW 方向,流速从 0.7 m/s 降到 0.1 m/s 然后增加到 0.25 m/s 左右,在太平湾的东部沿岸,潮流流速延续低潮时刻的顺时针方向,流速与低潮时刻流速分布大致相同。在海庙港池内部,水流自外向内流入港池,口门内侧流速最大值为 0.337 m/s。

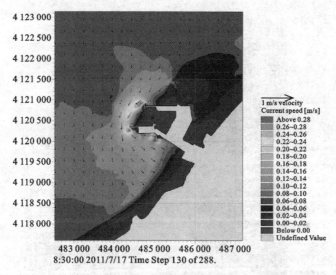

图 6.4-2 工程前涨急时刻

2. 工程后流场分析

该区域的流场在工程建成的前后相差不大,在大部分区域都是一致的,仅在工程较近的区域有较大的差别,主要是由于岸线的形状不同,导致海庙港附近水流方向和大小发生改变。

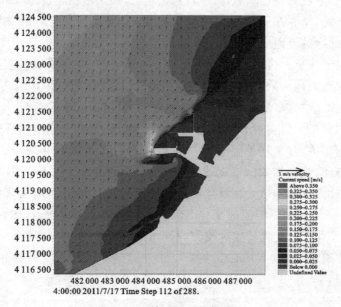

图 6.4-3 某工程后落急时刻

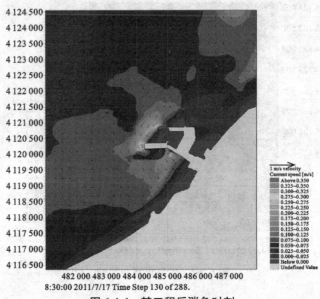

4 124 500
4 124 000
4 123 500
4 123 000
4 122 500
4 122 000
4 121 500
4 121 000
4 120 500
4 120 000
4 119 500
4 119 000
4 118 500
4 118 000
4 117 500
4 117 000
4 116 500

482 000 483 000 484 000 485 000 486 000 487 000
8:30:00 2011/7/17 Time Step 130 of 288.

1 m/s velocity
Current speed [m/s]
Above 0.350
0.325-0.350
0.300-0.325
0.275-0.300
0.250-0.275
0.225-0.250
0.200-0.225
0.175-0.200
0.150-0.175
0.125-0.150
0.100-0.125
0.075-0.100
0.050-0.075
0.025-0.050
0.000-0.025
Below 0.000
Undefined Value

图 6.4-4　某工程后涨急时刻

3. 工程前后流场变化

在落急时刻海庙港的水流方向为偏北方向,由于新岸线的阻挡,流速变化较大,在海庙港西部较近海域,流速较以前增大,最大增值超过 10 cm/s,随着距离增大,增幅减小。在新建码头的南岸和北岸,流速均有所降低,幅值均超过 10 cm/s。北岸的流速变化等值线呈南北向分布,−2 cm/s 的流速变化等值线向 NE 方向延伸至大约 0.8 km 的位置;南岸的流速变化等值线呈东西向分布,最南影响到距离码头前沿大于 0.5 km 的位置。南岸的流速变化等值线形状与开挖的港池形状相似,受港池开挖导致水深增大、流速减小的影响。

涨急时刻的流速变化情况与落急时刻相似,也是在海庙港西部较近海域,流速较以前增大,最大增值超过 10 cm/s,随着距离增大,增幅减小。沿着港池向外海的方向,流速增大的幅度减小,+2 cm/s 的流速变化等值线向 NNW 方向延伸至 0.8 km 的水域。在新建码头的南岸和北岸,流速均有所降低,最大降幅超过 10 cm/s。南岸的流速变化等值线形状与落急时刻相似,亦受到港池疏浚的影响;而北岸的变化就相对较大,不再呈南北向狭长的分布,−2 cm/s 等值线的影响距离大约为 0.5 km。

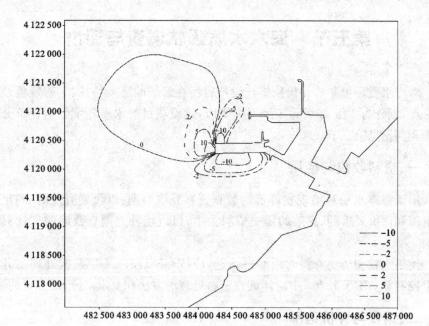

图 6.4-5　落急时刻流速变化等值线图（单位：cm/s）

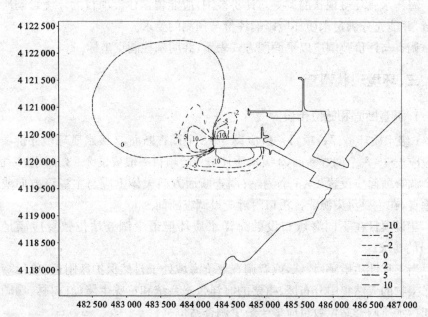

图 6.4-6　涨急时刻流速变化等值线图（单位：cm/s）

第五节 海水水质现状调查与评价

海洋水质环境影响评价依据建设项目所在海域的环境特征、工程规模及工程特点,划分为1级、2级和3级三个等级,建设项目的水质环境影响评价分级原则和判据见第二节。

一、资料收集与使用

用于海洋水质环境现状评价的数据资料获取原则:以收集有效的、满足评价范围和评价要求的、有效的历史资料为主,以现场补充调查获取的现状资料为辅。

使用现状和历史资料时须经过筛选,应按 GB 17378.2 中数据处理与分析质量控制和 GB/T 12763 中海洋调查资料处理的方法和要求,处理后方可使用。

二、调查与评价范围

海洋水质环境现状的调查与评价范围,应能覆盖建设项目的环境影响所及区域,并能充分满足水质环境影响评价与预测的要求。

调查与评价范围应以平面图方式表示,并明确控制点坐标。

三、环境现状调查

1. 调查断面和站位布设

1级水质环境评价项目一般应设5~8个调查断面,2级水质环境评价项目一般应设3~5个调查断面,3级水质环境评价项目一般应设2~3个调查断面;每个调查断面应设置4~6个测站;调查断面方向大体上应与主潮流方向或海岸垂直,在主要污染源或排污口附近应设调查断面。

建设项目在不同海域布设的海洋水质环境最少调查站位数量应满足表6.5-1的要求。

当工程性质敏感、特殊,或者调查评价海域处于自然保护区附近、珍稀濒危海洋生物的天然集中分布区、重要的海洋生态系统和特殊生境(红树林、珊瑚礁等)时,水质调查站位数量应多于最少调查站位。

表 6.5-1　最少调查站位数量表

评价等级	最少调查站位数量（个）		
	河口、海湾和沿岸海域	近岸海域	其他海域
1 级	20	15	10
2 级	12	10	8
3 级	8	8	6

2. 调查时间和频次

应根据当地的水文动力特征并考虑环境特征，依照表 6.5-2 确定河口、海湾、沿岸海域、近岸海域和其他海域的水质环境现状的调查时间和频次。

当河口和海湾海域的丰水期水质劣于枯水期时，应尽量进行丰水期调查或收集丰水期有关调查监测资料。

表 6.5-2　各类海域在不同评价等级时水质调查时间

海域类型	海洋水质环境影响评价等级		
	1 级	2 级	3 级
河口、海湾和沿岸海域	应进行丰水期、平水期和枯水期（夏季、春或秋季和冬季）的调查；若时间不允许，至少应进行春季和秋季的调查	应进行丰水期和枯水期（夏季和冬季）的调查；若时间不允许，至少应进行一个水期（或季节）的调查	至少应进行 1 次调查
近岸海域	应进行春季、夏季和秋季的调查；若时间不允许，至少应进行一个季节调查	应进行春季和秋季的调查，若时间不允许，至少应进行一个季节的调查	至少进行 1 次调查
其他海域	应进行春季和秋季的调查；若时间不允许，至少应进行 1 次调查	至少应进行 1 次调查（春季或秋季）	至少应进行 1 次调查
注：河口及海湾海域，沿岸海域和近岸海域在丰水期、平水期和枯水期或春夏秋冬四季中均应选择大潮期或小潮期中的一个潮期开展调查（特殊要求时，可不考虑一个潮期内高潮期、低潮期的差别）；选择原则：依据调查监测海域的环境特征，以影响范围较大或影响程度较重为目标，定性判别和选择大潮期或小潮期作为调查潮期。			

3. 调查参数选择

水质调查参数应根据建设项目所处海域的环境特征、环境影响评价等级、环境影响要素识别和评价因子筛选结果，按表 6.5-3 选择，使用时可根据具体要求适当增减。

表 6.5-3　水质调查参数表

序号	建设项目类型	水质调查参数
1	海上娱乐及运动、景观开发类工程、盐田、海水淡化等海水综合利用类工程	酸碱度、水温、盐度、悬浮物、生化需氧量、化学需氧量、溶解氧、硝酸氮、亚硝酸盐氮、氨氮、活性磷酸盐、表面活性剂、石油类、重金属、大肠菌群、粪大肠菌群、病原体等
2	人工岛、海上和海底物资储藏设施、跨海桥梁、海底隧道类工程	酸碱度、水温、盐度、悬浮物、生化需氧量、化学需氧量、溶解氧、硝酸氮、亚硝酸盐氮、氨氮、活性磷酸盐、表面活性剂、石油类、重金属等
3	围海、填海、海上堤坝类工程	酸碱度、盐度、悬浮物、化学需氧量、溶解氧、氰化物、硫化物、氟化物、挥发性酚、有机氯农药(六六六、滴滴涕)、石油类、重金属、多环芳烃、多氯联苯等
4	海上潮汐电站、波浪电站、温差电站等海洋能源开发利用类工程、低放射性废液排放等工程	酸碱度、水温、盐度、悬浮物、化学需氧量、氰化物、硫化物、氟化物、挥发性酚、有机氯农药(六六六、滴滴涕)、石油类、重金属、多环芳烃、多氯联苯、放射性核素等
5	大型海水养殖场、人工鱼礁类工程	酸碱度、水温、盐度、悬浮物、生化需氧量、化学需氧量、硫化物、挥发性酚、溶解氧、硝酸盐氮、亚硝酸盐氮、氨氮、活性磷酸盐、大肠杆菌等
6	海洋矿产资源勘探开发及其附工程类海底管道、海底电光缆类工程、基础开挖，疏浚，冲(吹)填，倾倒，海中取土(沙)，水下炸礁(岩)，爆破挤淤，需填海的码头，挖入式港池、船坞和码头，污水海洋处置(污水排海)，海上水产品加工等其他海洋工程	酸碱度、盐度、悬浮物、化学需氧量、溶解氧、硝酸盐氮、亚硝酸盐氮、氨氮、活性磷酸盐、氰化物、硫化物、氟化物、挥发性酚、有机氯农药(六六六、滴滴涕)、石油类、重金属、多环芳烃、多氯联苯等

4. 样品的采集保存和分析方法

海洋水质环境的现状调查和监测的样品采集、贮存与运输,应按照 GB 17378.3 和 GB/T 12763.4 中海水化学要素的调查、观测的有关要求执行。样品的分析方法应符合 GB 17378.4 中的要求。

5. 数据分析处理的质量控制

水质样品分析和数据处理应符合 GB 17378.2 中的要求。

数据分析和实验室的内部质量控制应符合 GB 17378.2 中的有关规定和实验室质量控制的相关要求。

四、环境现状评价

1. 评价内容

水质环境现状评价应给出调查站位的平面分布图,给出调查要素的实测值和标准指数值,综合阐述海水环境的现状与特征,主要应包括:

(1)简要评价调查海域海水环境质量的基本特征,针对特殊测值和现象给出致因分析;

(2)结合工程所在海域的其他有公正数据性质的资料,简要阐明建设项目评价范围内和周边海域水质环境的季节特征、年际和总体变化趋势的分析评价结果;

(3)阐明评价范围内和周边海域的环境现状的综合评价结果。

2. 评价标准

评价标准应采用《海水水质标准》(GB 3097—1997)中的相应指标。有些内容(要素)国内尚无相应标准(指标)的,可参考国际和国外的相关标准(指标)进行评价。

3. 评价方法

应采用单项水质参数评价方法,即标准指数法。当有特殊需要时,可采用多项水质参数评价方法,按照 HJ/T 2.3 的要求执行。

海水水质现状的分析与评价中应注重下述要求:

(1)同一站位不同采样层次和不同站位同一采样层次的同一要素,不应采用平均值进行分析和评价;

(2)水质调查要素在平面域的分析评价中,分析数据宜在调查站位控制的评价范围内向内侧插值;

（3）当某一环境要素（因子）超过评价标准时，应继续评价至符合（或劣于）的最大类别标准（例如，某要素超一类水质标准、超二类水质标准、符合三类水质标准）。

4. 举例

通过现场调查，将各调查因子的分析结果汇总表（表 6.5-4），并分别阐述各调查因子的分布特征，具体包括平面分布、垂直分布、取值范围、分布趋势等。

表 6.5-4　海水水质各调查因子的调查分析结果汇总

站号	层次	水温	盐度	pH	DO	COD	活性磷酸盐	无机氮	硫化物	挥发性酚	……
01	表层										
	10 m										
	……										
	底层										
02	表层										
	10 m										
	……										
	底层										

海水质量现状评价应根据工程所在海域的海洋环境保护规划和环境保护目标，严格执行《海水水质标准》（GB 3097—1997）中相应的海水水质评价标准级别。

海水水质现状评价建议采用环境影响评价技术导则推荐的标准指数加超标率法，按评价因子逐项计算出指数值后，再根据指数值的大小评价其污染水平。

评价内容：一是对各调查因子的调查分析结果并分层次进行统计，其中应采用调查因子的监测值范围、检出率、超标率等统计值（表 6.5-5）。二是对依据标准指数法公式计算所得的标准指数值进行统计，给出标准指数变化范围，并根据统计出的标准指数值计算超标率（表 6.5-6）。三是对本次调查结果进行类比分析，选取具有可比性的相近海区或本海区相近年份的调查资料，了解本次调查的综合现状与以往调查的相对关系，得出评价结论（表 6.5-7）。

表 6.5-5　海水水质调查分析统计结果

项目		表层	10 m层	……	底层	全海区
COD	范围(mg/L) 检出率(%) 超标率(%)					
……	范围 检出率(%) 超标率(%)					

表 6.5-6　海水水质标准指数统计结果

站号	层次	pH	DO	COD	活性磷酸盐	无机氮	硫化物	挥发酚	悬浮物	……
01	表层									
	10 m									
	……									
	底层									
……	表层									
	10 m									
	……									
	底层									
范围	表层									
	10 m									
	……									
	底层									
超标率	全区									

表 6.5-7　类比分析统计表

项目	本次调查					以往调查				
石油类	表层	10 m	……	底层	全海区	表层	10 m	……	底层	全海区

第六节 海洋水质环境影响预测

一、影响预测方法与内容

1. 预测方法

预测方法可按下列内容选择：

（1）模型实验法，包括数值模拟法和物理模型实验法，其中物理模型实验法适用于复杂海域或对预测有特殊要求的建设项目，一般建设项目可采用数值模拟法。

（2）经验公式法（近似估算法），适用于 2 级、3 级评价项目。

（3）类比法，适用于有成熟的实践经验和检验结果，且具备类比条件的预测项目。

2. 预测内容

预测项目和内容主要包括：

（1）在建设期、运营期（含正常工况和非正常工况）和环境风险事故条件下，分别定量预测分析各主要污染因子在评价海域的浓度变化（平面分层）及其空间分布；

（2）给出各主要污染因子预测浓度增加值与现状值的浓度叠加分布图（表）；

（3）针对污染物（含悬浮物）扩散，应合理选择有代表性的边界控制点，分别计算各控制点在不同潮时状况下的预测浓度增加值，叠加各控制点在各个潮时状况下和现状值的浓度分布，按照各控制点最外沿的连线，明确污染物（含悬浮物）扩散的各标准浓度值的最大外包络线、最大外包络面积及其平面分布；

（4）污染物排海混合区的范围，应阐明全潮时和潮平均条件下达标浓度值的最大外包络线、最大外包络面积及其空间分布，取达标浓度值的最大外包络线距排污口中心点的最大距离为混合区控制半径，明确混合区的最大面积及空间位置。

预测分析中应考虑由建设项目引起的海岸形态改变，对污染因子在评价海域浓度分布状况的影响。

二、预测结果要求

建设项目海洋水质环境影响评价的结果应符合以下要求：

(1)依据建设项目的工程方案,分析评价各方案导致的评价海域及其周边海域水质环境要素的变化与特征、物理自净能力和环境容量的变化与特征,从水质环境影响和可接受性角度,分析和优选最佳工程方案。

(2)根据建设项目引起的水质环境要素、物理自净能力和环境容量的变化与特征等预测结果,说明影响范围、位置和面积,同时说明主要影响因子和超标要素。

(3)阐明评价海域水质环境影响特征的定量或定性结论。

(4)阐明确建设项目是否能满足预期的水质环境质量要求的评价依据和评价结论。

若评价结果表明建设项目对所在评价海域的海水水质、自净能力和环境容量产生较大影响,不能满足评价范围内和周边海域的环境质量要求,或其影响将导致环境难以承受时,应提出修改建设方案、总体布置方案或重新选址等结论和建议。

三、悬浮泥沙影响(举例)

河流入海过程会有大量的泥沙进入海洋,港口航道与海岸工程的建设一般也会伴随着泥沙的排放,排放到海洋中的泥沙会在水流和波浪的作用下经过一定形式的运动,搬运到别的地方;如果水动力减弱或者波浪条件减弱,泥沙就会在自重的作用下发生沉降,并不断沉积固结,成为海床的表层部分。即便没有河口存在或者工程排放泥沙,如果水动力、波浪条件达到一定的强度,海床上的表层泥沙也可能悬浮起来进入水体。根据海水水质标准,悬浮物浓度值为人为增量值,因此在预测时不考虑海洋泥沙的本底值与开边界泥沙的入流量。

1. 参数选取

(1)悬浮泥沙的源强:

表 6.6-1 悬浮泥沙类别与泥沙源强对应表

悬浮泥沙发生类别	泥沙源强(kg/s)
基槽开挖*	1.28
抛石	3.80

(续表)

悬浮泥沙发生类别	泥沙源强(kg/s)
吹填	1.11
港池疏浚	5.56

* 基槽开挖工程与抛石工程的作业地点相同,由于抛石源强大于基槽开挖的源强,所以认为抛石施工引起的悬沙影响区域包含基槽开挖引起的悬沙影响区域,因此对基槽开挖工程的悬沙源强不需作预测分析。

(2)悬浮泥沙预测位置:

1)抛石。由于在新增岸线的各个位置都涉及抛石工程,所以理论上应该根据工序逐个计算新增岸线上的所有点,但是从可行性的角度出发,可以在拐角处选取 3 个泥沙源作为泥沙发生的代表点。

2)吹填。泥沙不断填铺新的陆地,与抛石工程选取同样的泥沙源作为泥沙发生的代表点,作为吹填的溢流口。

3)港池疏浚。港池疏浚过程中,港池内部悬沙浓度很大,均超过 0.15 kg/m^3,当讨论对港池外部环境的影响时,我们选取港池的 4 个边缘特征点作为泥沙的发生代表点,经过处理可以得到港池疏浚过程对外界环境最大的影响范围。

2. 悬浮泥沙增量分布

根据模型运行结果,求取单个泥沙增量发生点周边各个网格点两个潮周期(48 h)内悬浮泥沙浓度的最大值,根据每个网格点悬沙浓度的最大值进行内差,形成等值线图,即该泥沙发生点悬浮泥沙扩散影响的最大范围包络线,根据多个泥沙发生点的影响范围包络线,将包络线外边缘线进行连接,即可形成整个施工过程造成的最大影响范围。

(1)抛石。由于在新增的陆域上均涉及抛石,所以选取图 6.6-1 中所示 3 个特征位置作为泥沙发生的代表点,编号分别为 A、B、C。将计算得到的悬沙浓度整合起来,绘制相同悬沙浓度的包络图 6.6-1,并计算相应悬沙浓度对应的水域面积(表 6.6-2)。

表 6.6-2　抛石过程悬沙浓度与相应海域面积关系表

悬沙浓度(kg/m^3)	＞0.15	0.1～0.15	0.01～0.1
面积(m^2)	19 700	9 850	1 960 650

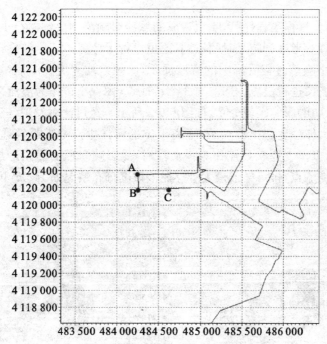

图 6.6-1　抛石计算时 3 个泥沙源分布图

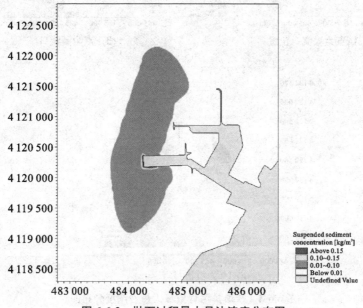

图 6.6-2　抛石过程最大悬沙浓度分布图

(2)吹填。根据工程经验,吹填造成的悬沙影响范围要比抛石小得多,一般可不单独计算。考虑到施工时间不同,这里进行了计算。

为了减小吹填过程受影响的海域面积,吹填之前先进行围堰,然后确定一个合适的溢流口进行溢流。选取了 3 个特征点(图 6.6-1)作为溢流口分别进行计算,得到对应的影响区域分布,如图 6.6-3 所示。经过比对发现,三种情况下,受污染海域大体位置都比较一致,距离敏感的海洋生产地带都较远;对比这三个溢流口,可以发现选取 C 点作为溢流口时,受影响海域的面积最小。所以选取该点作为溢流点,排污导致最大悬浮泥沙浓度分布情况如图 6.6-3(c)所示。

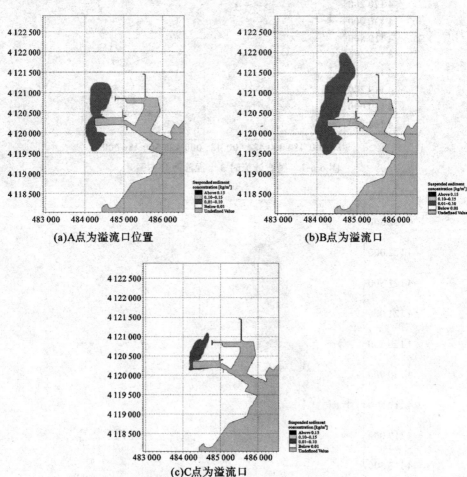

图 6.6-3　吹填排污导致最大悬沙浓度分布图

吹填过程悬沙浓度与相应海域面积的关系如表 6.6-3 所列。

表 6.6-3　吹填过程悬沙浓度与相应海域面积的关系

悬沙浓度(kg/m³)	>0.15	0.1~0.15	0.01~0.1
面积(m²)		16 400	895 950

（3）疏浚。选取疏浚排污点位置如图 6.6-4 所示。悬沙影响范围如图 6.6-5 所示。

港池疏浚过程悬沙的扩散方向主要为 N-W 方向,其中向北最大可影响(悬沙浓度大于 0.01 kg/m³)到距离港池大约 2.4 km 的海域,向岸方向最大可影响到距离港池东边界大约 0.5 km 的海域,距离海庙港南侧海边的养殖场较近,施工时需要特别注意。悬沙浓度大于 0.15 kg/m³ 的海域分布在开挖港池内部,形状与港池形状类似,面积比港池面积稍大。而悬沙浓度处于 0.1~0.15 kg/m³ 的海域分布在开挖港池外边线的沿岸,距离开挖边界大约 15 m,面积较小。

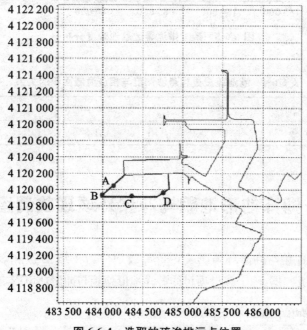

图 6.6-4　选取的疏浚排污点位置

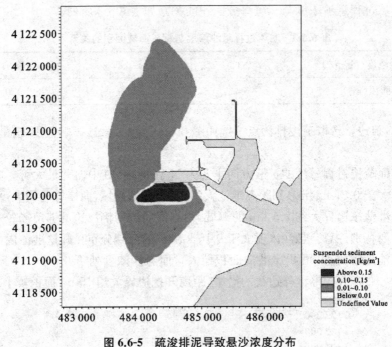

图 6.6-5　疏浚排泥导致悬沙浓度分布

表 6.6-4　港池疏浚过程悬沙浓度与相应海域面积的关系

悬沙浓度（kg/m³）	＞0.15	0.1～0.15	0.01～0.1
面积（m²）	220 000	31 845	2 544 150

第七节　海洋地形地貌与冲淤环境现状调查与评价

　　海洋地形地貌与冲淤环境影响评价等级划分为 1 级、2 级和 3 级。依据第二节的评价等级判据，确定建设项目的海洋地形地貌与冲淤环境影响评价级别。

一、资料的收集与使用

　　现状资料和历史资料的公正性、可靠性、有效性和时效性等应满足规范的要求。

　　用于海洋地形地貌与冲淤环境现状评价的数据资料获取原则：以收集有效

的、满足评价范围和评价要求的历史资料为主,以现场补充调查获取的现状资料为辅。

应尽可能地收集建设项目所在评价海域及其周边海域的地形地貌与冲淤环境历史资料,应特别注重各类卫片、历史图件和现状图件的收集与分析。

海洋地形地貌与冲淤的历史资料主要包括:

(1)地形地貌现状:海岸线、海床、滩涂、潮间带和海岸带地形地貌特征及其变化资料,各种海岸类型(包括河口海岸、砂砾质海岸、淤泥质海岸、珊瑚礁海岸、红树林海岸等)地形地貌的特征及分布范围资料,地面沉降和海岸线、海床、滩涂、海岸等蚀淤资料。

(2)海洋地质现状:地质类型、沉积类型与构造,硫化物、有机质、附着生物等资料。

(3)图件:水深地形图、海岸线图、地质地貌图、遥感图像(卫片、航片)等。

二、调查评价范围

调查与评价范围应包括工程可能的影响范围,一般应不小于水文动力环境影响评价范围,同时应满足建设项目地貌与冲淤环境特征的要求。

调查与评价范围应以平面图方式表示,并明确控制点坐标。

三、环境现状调查

查清工程海域和区域的地形地貌与冲淤环境特征。1级和2级评价项目应开展海洋地形地貌与冲淤环境现状调查,包括海洋地形地貌、海岸线、海床、滩涂、海岸等蚀淤,海底沉积环境和腐蚀环境等环境现状调查。3级评价项目以收集历史和现状资料为主,辅以必要的现状调查。

1. 调查内容

现状调查的内容为查清工程评价海域及其周边海域的地形地貌与冲淤环境的分布特征,包括海洋地形地貌、海岸线、海床、滩涂、海岸等的现状,蚀淤现状、蚀淤速率、蚀淤变化特征等。

2. 调查方法

海洋地形地貌与冲淤环境的现状调查方法应按照《海洋调查规范》(GB/T 12763)中海洋地质地球物理调查的要求执行。

3. 调查断面布设

根据随机均匀、重点代表的站位布设原则,布设的岸滩冲淤调查断面和站位应基本均匀分布并覆盖于整个评价海域及其周边海域,调查断面方向大体上应与海岸垂直,在建设项目主要影响范围和对环境产生主要影响的区域应设调查主断面,在其两侧设辅助断面;1 级评价项目应不少于 3 条调查断面;2 级评价应不少于 2 条断面。

4. 调查时段

海洋地形地貌与冲淤环境各要素的调查一般不受年度丰、枯水期的限制,可与海水水质、海洋沉积物、海洋生态和生物资源等评价内容的调查时段一并考虑。

5. 数据分析、处理的质量控制

数据分析和实验室的内部质量控制应符合 GB 17378.2 的有关规定和实验室质量控制的相关要求。

四、现状评价

海洋地形地貌与冲淤环境现状分析与评价应重点分析与评价建设项目所在海域及其周边海域的海岸、滩涂、海床等地形地貌的现状,冲刷与淤积现状、蚀淤速率、蚀变化特征等。

第八节 海洋地形地貌与冲淤环境影响预测

一、工程建设对地形地貌与冲淤环境影响途径

某些工程的实施,由于波浪折射反射等作用,可能造成海洋波浪场的变化,引起海底稳定性破坏,造成海底泥沙冲淤,可能引起海岸的侵蚀或者泥沙堆积。在开阔海域沿岸建设堤坝、构建大型构筑物、挖砂,砂质或者泥质海底的情况下这类影响较为突出。

评价中应分析建设项目导致的评价海域地形地貌与冲淤环境要素的变化与特征,结合海洋水文动力以及悬浮物扩散等影响的模拟预测结果,对工程引起的海岸线、滩涂、海床等地形地貌变化和泥沙冲淤、运移与变化趋势进行预测分析。

1. 水深的改变对波浪变形的影响

涉及海底挖掘或倾倒固体废物的海洋工程(如采砂活动、航道挖掘、抛泥区

选划等)往往使近海岸水域的水深发生变化,从而导致波浪的变形。应根据波浪传播理论对工程前后的波高、波长及波速等的变化进行对比分析,确定工程对波浪变形的影响,及由此可引发的海底、海岸的影响等,研究提出相应的预防和减缓影响的对策措施。

2. 海洋工程建筑物对波浪折射、绕射和反射的影响

构筑堤坝及人工岛等人工建筑物会影响波浪的折射、绕射和反射,对于此类工程,应对工程设施对波浪的折射、绕射和反射规律所产生的影响加以分析,研究提出相应的预防和减缓影响的对策措施。

3. 海洋工程项目对波浪破碎带的影响

浅滩地区的波浪破碎带是岸滩动态平衡的重要影响因子之一,有些海洋工程可能导致波浪破碎带位置发生改变,从而会影响岸滩的稳定性。因此,应有针对性地对此加以分析并研究提出相应的预防和减缓影响的对策措施。

海洋工程的波浪影响分析以及相应的预防和减缓影响的对策措施应结合工程的特点进行,重大工程项目应进行定量分析(数模或物模)。小型项目可进行定性分析。

4. 海洋工程对泥沙活动的影响分析

在流场模拟和波浪分析的基础上,采用泥沙运动数值模型,对工程前后的泥沙分布时变过程、冲淤规律和床面变形实施数值模拟,分析在海岸工程的影响下,近岸海域泥沙运动的变化和由此引起的岸滩冲淤变化,并进一步分析泥沙活动对岸滩变形的影响。定量评估工程对泥沙活动的影响。小型或泥沙运动影响不显著的海洋工程,可进行定性分析和描述。注意研究提出相应的预防和减缓影响的对策措施。

二、评价内容与方法

1. 预测项目和内容

(1)预测建设项目建设期和建成后(含正常工况和非正常工况)以及环境风险条件下,对海岸、滩涂、海床等地形地貌、冲刷与淤积的可能影响,并分析评价其产生的影响范围和程度;

(2)评价等级为1级的评价项目,应重点对评价海域及其周边海域的形态变化(包括海岸、滩涂、海床等地形地貌),冲刷与淤积变化,泥沙运移与变化趋势等的范围和影响程度进行预测分析和评价,主要应包括工程后的冲刷与淤积

变化、蚀淤速率变化、蚀淤特征变化等内容;

(3)列出冲刷与淤积,泥沙运移与变化趋势等的增加值与稳定值的时空分布图表。

2. 预测方法的选择

(1)预测方法可采用模拟实验法(包括数值模拟和模型实验)、图形对比法和近似估算法等方法;

(2)近似估算法适用于3级评价项目。

三、评价要求

建设项目海洋地形地貌与冲淤环境影响评价结果应符合以下要求:

(1)依据建设项目的工程方案,分析评价各方案导致的评价海域及其周边海域地形地貌与冲淤环境要素的变化与特征,从环境影响和环境可接受性角度,分析和优选最佳工程方案;

(2)根据建设项目引起的海岸线、滩涂、海床等工程后的冲刷与淤积变化、蚀淤速率变化、蚀淤特征的时空变化、泥沙运移与变化等预测结果,结合海洋水文动力、污染物浓度场等预测结果,评价该工程对海域地形地貌和冲刷或淤积的影响;

(3)综合分析评价工程前后的冲刷与淤积变化、蚀淤速率变化、蚀淤特征的时空变化、泥沙运移与变化的环境可接受性;

(4)阐明建设项目对海洋地形地貌与冲淤环境影响的评价结论,阐明建设项目是否满足预期的地形地貌与冲淤环境要求的结论,阐明地形地貌与冲淤的环境影响是否可行的结论。

应根据海洋地形地貌与冲淤环境影响评价结果,提出有针对性的地形地貌与冲淤环境的保护对策措施。

若评价结果表明建设项目对海岸、滩涂、海床等的地形地貌和冲淤产生较大影响,影响海洋工程的功能且环境不能接受时,应阐明环境不可行的分析结论,并提出修改建设方案、总体布置方案或重新选址等建议。

四、工程建设对冲淤环境影响预测与评价(举例)

1. 工程建设前冲淤分析

根据泥沙冲淤预测计算结果,工程建设前,由于海庙港顶部防波堤的挑流作用,使得该水域的水流流速在涨落潮时分别达到 0.31 m/s(涨急时刻)和

0.257 m/s(落急时刻),导致海庙港西部较近海域出现冲刷现象,最大冲刷量达
到 16.8 cm/a,待建的 5[#]、6[#] 码头前沿水域也呈现冲刷的趋势,最大冲刷强度为
5 cm/a 左右,在原有的 1[#]~4[#] 码头前沿较近区域为少量的淤积,在距离码头
前沿大约 60 m 的地方开始变为冲刷,最大冲刷强度约为 6 cm/a。另外在海庙
港北侧偏东部沿岸,由于海庙作业区和海庙渔港的遮掩作用,水动力较弱,也表
现为淤积,淤积强度超过 6 cm/a。工程建设前该区域冲淤情况见图 6.8-1。

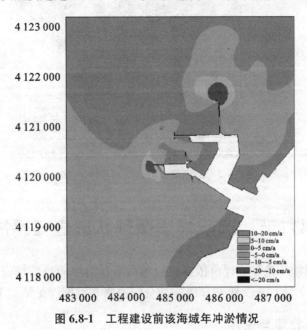

图 6.8-1　工程建设前该海域年冲淤情况

2.工程建设后冲淤分析

　　工程建设后引起周围水动力条件的变化,输沙平衡被打破,与工程前最明
显的变化是 5[#]、6[#] 码头前沿的港池水域。在工程前,该水域为冲刷,在工程后,
由于港池的挖深,导致水流速度变慢,水动力减弱,该水域变冲刷为淤积,不过
淤积程度不大,大部分水域的淤积厚度在 3 cm/a 以下,所以工程建成后,港池
整体以淤积为主,需要定期进行开挖处理;工程建成后,海庙港西部水流速度变
大,导致局部的冲刷比较严重,冲刷强度达到 28 cm/a,需要采取一定的工程措
施防止防波堤根部被掏空。

　　工程建设后该区域冲淤情况见图 6.8-2。

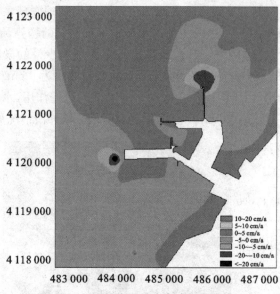

图 6.8-2 工程建设后该海域年冲淤情况

第九节 沉积物质量现状调查与评价

海洋沉积物环境影响评价依据建设项目所在海域的环境特征、工程规模及工程特点，划分为 1 级、2 级和 3 级。其分级原则和判据详见第二节。

一、资料收集与使用

用于海洋沉积物环境现状评价的数据资料获取原则：以收集有效的、满足评价范围和评价要求的、有效的历史资料为主，以现场补充调查获取的现状资料为辅。

现状资料和历史资料的公正性、可靠性、有效性和时效性等应满足规范的要求。

使用现状和历史资料时须经过筛选，应按 GB 17378.2 中数据处理与分析质量控制和 GB/T 12763 中海洋调查资料处理的方法和要求，处理后方可使用。

二、调查与评价范围

依据建设项目的评价等级确定环境现状调查与评价范围时，应将建设项目可能影响海洋沉积物的区域包括在内，即调查与评价范围应能覆盖受影响区域，并能充分满足环境影响评价和预测的需求；一般情况下应与海洋水质、海洋生态和生物资源的现状调查与评价范围,保持一致。

当建设项目所在区域有生态环境敏感区和自然保护区时,调查评价范围应适当扩大,将生态环境敏感区和自然保护区涵盖其中,以满足评价和预测环境敏感区和自然保护区所受影响的需要。

调查与评价范围应以平面图方式表示,并给出控制点坐标。

三、环境现状调查

1. 调查断面与站位布设

1 级和 2 级评价项目的沉积物环境调查断面设置可与海洋水质调查相同,调查站位宜取水质调查站位量的 50％左右,站位应均匀分布且覆盖(控制)整个评价海域,评价海域内的主要排污口应设调查站位。

3 级评价项目的沉积物环境调查站位布设应覆盖污染物排放后的达标范围,一般可设 2～4 个断面,每个断面设置 2～3 个测站。断面方向大体上应与主潮流方向或海岸垂直,在主要污染源或排污口附近应设主断面。

2. 调查时间

沉积物调查时间应与海洋水质和海洋生态和生物资源调查同步进行,一般进行 1 次现状调查。

3. 调查参数

沉积物调查参数包括常规沉积物参数和特征沉积物参数。

常规沉积物参数主要包括[参见《海洋监测规范 第 5 部分:沉积物分析》(GB 17378.5)中所列各测定项目]:总汞、铜、铅、镉、锌、铬、砷、硒、石油类、六六六、滴滴涕、多氯联苯、狄氏剂、硫化物、有机碳、含水率、氧化还原电位等。可依据海域功能类别,评价等级及评价要求,建设项目的环境特征和环境影响要素识别和评价因子筛选结果进行适当增减。

特征沉积物参数应根据建设项目排放污染物的特点,评价海域和周边海域的海域功能要求及环境影响评价的需要选定,主要包括:沉积物温度、密度、氯度、酸度、碱度、含氧量、硫化氢、电阻率等项目;沉积物中的大肠菌群、病原体、粪大肠菌群等项目。

若港口和航道工程、疏浚工程、围(填)海工程等有疏浚物处置的建设项目处于生态环境敏感区时,应进行疏浚物的生物毒性检验试验。

4. 样品的采集、保存和分析方法

沉积物现状调查时样品的采集、保存与运输符合 GB 17378.3 中的要求;样

品的分析方法应符合 GB 17378.5 中的要求。

5.数据分析、处理的质量控制

沉积物样品分析和数据处理应符合 GB 17378.2 中的要求。

数据分析和实验室的内部质量控制应符合 GB 17378.2 中的有关规定和实验室质量控制的相关要求。

四、环境现状评价

阐述调查海域沉积物的粒度分析结果,其中包括各种粒级含量、平均粒径、粒度系数等,并辅以适当表格形式加以描述。按照粒度大小和粒级含量来划分粒级类型,确定沉积物类型,并采用文字描述沉积物类型分布情况。

通过现场调查,得出沉积物各调查因子的分析结果汇总表,并分别阐述各调查因子——有机碳、石油类、硫化物、铜、铅、锌、镉、汞、总铬、砷等的分布特征,具体包括监测值范围、分布趋势等。

表 6.8-1　沉积物各调查因子的调查分析结果汇总

站号	有机碳	锌	铅	石油类	硫化物	……	……
01							
……							

沉积物评价标准应执行《海洋沉积物质量》(GB 18668—2002)。对于沉积物现状评价,应采用《环境影响评价技术导则》推荐的标准指数法,按评价因子逐项计算出标准数值后,再根据标准指数值的大小评价与各级标准的符合程度。标准指数的计算方法同海水水质评价方法。

评价结果内容包括:对依据标准指数法公式计算所得的标准指数值进行统计,给出标准指数变化范围,并根据统计出的标准指数值计算超标率。

第十节　沉积物环境影响预测与评价

一、预测方法与内容

采用的沉积物环境影响预测方法应满足环境影响评价的要求。1 级评价项目应尽量采用定量或半定量预测方法,2 级和 3 级评价项目可采用半定量或定性预测方法。

沉积物环境质量影响预测的范围和内容应包括：

(1)预测分析各预测因子的影响范围与程度,应着重预测和分析对环境敏感目标和主要环境保护目标的影响；

(2)有污染物排放入海的建设项目(如污水排海工程等),此应重点预测和分析污染物长期连续排放对排污口、扩散区和周围海域沉积物质量的影响范围和影响程度；

(3)1级和2级评价项目应给出沉积物预测因子的分布和趋势性描述,明确影响范围与程度,3级评价项目应定性地阐述影响范围与程度。

二、预测结果要求

建设项目海洋沉积物环境影响评价的结果应符合以下要求：

(1)依建设项目的工程方案,分析评价各方案导致的评价海域及其周边海域沉积物环境要素的变化与特征、污染物长期连续排放对沉积物质量的影响特征,从沉积物环境影响和可接受性角度,分析和优选最佳工程方案；

(2)阐述建设项目导致的评价海域和周边海域沉积物环境要素的变化与特征；

(3)应根据各评价因子的平面分布特征说明其影响范围、位置、面积和程度,同时说明主要影响因子和超标要素；

(4)阐明评价海域沉积物环境影响特征的定量或定性结论；

(5)阐明建设项目是否能满足预期的沉积物环境质量要求的评价依据和评价结论。

若评价结果表明建设项目对所在评价海域和周边海域的沉积物环境质量产生较大影响,或不能满足环境质量要求和海洋功能要求时,应提出修改建设方案、总体布置方案或重新选址等建议。

第七章　生态环境影响与评价

第一节　生态环境影响与评价概述

一、基本概念

1. 生态影响

经济社会活动对生态系统及其生物因子、非生物因子所产生的任何有害的或有益的作用,影响可划分为不利影响和有利影响,直接影响、间接影响和累积影响,可逆影响和不可逆影响。

2. 直接生态影响

经济社会活动所导致的不可避免的、与该活动同时同地发生的生态影响。

3. 间接生态影响

经济社会活动及其直接生态影响所诱发的、与该活动不在同一地点或不在同一时间发生的生态影响。

4. 累积生态影响

经济社会活动各个组成部分之间或者该活动与其他相关活动(包括过去、现在、未来)之间造成生态影响的相互叠加。

5. 特殊生态敏感区

特殊生态敏感区指具有极重要的生态服务功能,生态系统极为脆弱或已有较为严重的生态问题,如遭到占用、损失或破坏后所造成的生态影响后果严重且难以预防、生态功能难以恢复和替代的区域,包括自然保护区、世界文化和自然遗产地等。

6. 重要生态敏感区

重要生态敏感区指具有相对重要的生态服务功能或生态系统较为脆弱,如遭到占用、损失或破坏后所造成的生态影响后果较严重,但可以通过一定措施加以预防、恢复和替代的区域,包括风景名胜区、森林公园、地质公园、重要湿地、原始天然林、珍稀濒危野生动植物天然集中分布区、重要水生生物的自然产卵场及索饵场、越冬场和洄游通道、天然渔场等。

7. 一般区域

除特殊生态敏感区和重要生态敏感区以外的其他区域。

二、生态环境影响评价标准

1.《海洋生物质量》(GB 18421—2001)

海洋生物质量按照海域的使用功能和环境保护的目标划分为三类:

第一类,适用于海洋鱼类水域、海洋养殖区、海洋自然保护区、与人类食用直接有关的工业用水区。

第二类,适用于一般工业用水区、滨海风景旅游区。

第三类,适用于港口水域和海洋开发作业区。

海洋贝类生物质量分类标准值列于表 7.1-1。

表 7.1-1　海洋贝类生物质量标准值(鲜重)　　　　　单位:mg/kg

项目	第一类	第二类	第三类
感官要求	贝类的生长和活动正常,贝体不得沾有油污等异物,贝肉的色泽、气味正常,无异色、异臭、异味		贝类能生存,贝肉不得有明显的异色、异臭、异味
粪大肠菌群(个/千克)≤	3 000	5 000	—
麻痹性贝毒≤	0.8		
总汞≤	0.05	0.10	0.30
镉≤	0.2	2.0	5.0
铅≤	0.1	2.0	6.0
铬≤	0.5	2.0	6.0
砷≤	1.0	5.0	8.0
铜≤	10	25	50(牡蛎 100)

(续表)

项目	第一类	第二类	第三类
锌≤	20	50	100(牡蛎500)
石油烃≤	15	50	80
六六六≤	0.02	0.15	0.50
滴滴涕≤	0.01	0.10	0.50

注:1. 以贝类去壳部分的鲜重计。

2. 六六六含量为四种异构体总和。

3. 滴滴涕含量为四种异构体总和。

2. 其他生物质量标准

软体动物、甲壳动物、鱼类生物体内污染物质(除石油烃外)含量评价标准采用《全国海岸带和海涂资源综合调查简明规程》中的标准。石油烃含量的评价标准采用《第二次全国海洋污染基线调查技术规程》(第二分册)中规定的生物质量标准。

表 7.1-2　海洋生物体评价标准($\times 10^{-6}$ 湿重)

生物类别	铜	铅	镉	锌	总汞	砷	铬	石油烃
鱼类	20	2.0	0.6	40	0.3	5.0	1.5	20
甲壳类	100	2.0	2.0	150	0.2	8.0	1.5	20
软体类	100	10.0	5.5	250	0.3	10.0	5.5	20

三、生态环境影响评价等级

依据《环境影响评价技术导则·生态影响》(HJ 19—2011),按照影响区域的生态敏感性和评价项目的工程占地(含水域)范围,包括永久占地和临时占地,将生态影响评价工作等级划分为一级、二级和三级,如表 7.1-3 所示。位于原厂界(或永久用地)范围内的工业类改扩建项目,可作生态影响分析。

表 7.1-3　生态影响评价工作等级划分表

影响区域生态敏感性	工程占地(含水域)范围		
	面积≥20 km² 或长度≥100 km	面积 2～20 km² 或长度 50～100 km	面积≤2 km² 或长度≤50 km
特殊生态敏感区	一级	一级	一级
重要生态敏感区	一级	二级	三级
一般区域	二级	三级	三级

注:1. 当工程占地(含水域)范围的面积或长度分别属于两个不同评价工作等级时,原则上应按其中较高的评价工作等级进行评价。改扩建工程的工程占地范围以新增占地(含水域)面积或长度计算。

2. 在矿山开采可能导致矿区土地利用类型明显改变,或拦河闸坝建设可能明显改变水文情势等情况下,评价工作等级应上调一级。

3. 同时参照《海洋工程环境影响评价技术导则》(GBT 19485—2014)进行海洋生态评价等级判定,两者不一致时取高等级进行评价。

四、评价原则

(1)重点与全面相结合。既要突出评价项目所涉及的重点区域、关键时段和主导生态因子,又要从整体上兼顾评价项目所涉及的生态系统和生态因子在不同时空等级尺度上结构与功能的完整性。

(2)预防与恢复相结合。预防优先,恢复补偿为辅。恢复、补偿等措施必须与项目所在地的生态功能区划的要求相适应。

(3)定量与定性相结合。生态影响评价应尽量采用定量方法进行描述和分析,当现有科学方法不能满足定量需要或因其他原因无法实现定量测定时,生态影响评价可通过定性或类比的方法进行描述和分析。

第二节　海洋生态环境现状调查与评价

一、资料收集与使用

用于海洋生态和生物资源影响评价的数据资料获取原则:以收集有效的、满足评价范围和评价要求的、有效的历史资料为主,以现场补充调查获取的现状资料为辅。

现状资料和历史资料的公正性、可靠性、有效性和时效性等应满足规范的要求。

应充分收集评价海域及其邻近海域已有的海洋生态和生物资源的历史资料,包括海域生物种类和数量、外来物种种类数量、渔业捕捞种类及产量、海水增养殖种类与面积、自然保护区类别与范围、珍稀濒危海洋生物种类与数量等,还应收集叶绿素 a、初级生产力、浮游植物、浮游动物、潮间带生物、底栖生物、游泳生物、鱼卵仔鱼等的种类组成和数量分布历史资料。

使用现状和历史资料时须经过筛选,应按《海洋监测规范 第 3 部分:样品采集、贮存与运输》(GB 17378.2)中数据处理与分析质量控制和《海洋调查规范》(GB/T 12763)中海洋调查资料处理的方法和要求,处理后方可使用。

二、调查评价范围

海洋生态和生物资源的调查评价范围,主要依据被评价海域及周边海域的生态完整性确定,调查与评价范围应覆盖可能受到影响的海域。

1 级、2 级和 3 级评价项目,以主要评价因子受影响方向的扩展距离确定调查和评价范围,扩展距离一般分别界于 8～30 km、5～8 km 和 3～5 km 间。

海洋生物资源的调查评价范围应能够反映建设项目所在海域的资源特征并具有代表性,宜覆盖海洋生态环境的调查评价范围,同时应符合相关技术标准的要求。

调查与评价范围应以平面图方式表示,并给出控制点坐标。

三、环境现状调查

1. 调查和监测方法

海洋生态环境的现状调查和监测方法,应符合 GB 17378、GB/T 12763、HY/T 078、HY/T 080、HY/T 081、HY/T 082、HY/T 083、HY/T 084、HY/T 085 的要求。

海洋生物资源的现状调查方法(包括调查方法、调查断面和站位、调查内容)应符合相关的国家和行业技术标准的要求。

2. 调查断面和站位

根据全面覆盖、均匀布设、生态环境敏感区重点照顾的调查断面和站位布设原则,布设的调查断面和站位,应均匀分布和覆盖整个调查评价海域和区域;

调查断面方向大体上应与海岸垂直,在影响主方向应设主断面。各级评价项目调查断面、调查站位的布设可与水质调查相同,可从水质调查站位中选择控制性调查站位,数量一般不少于水质调查站位的 60%。

当调查与评价海域位于自然保护区,珍稀濒危海洋生物的天然集中分布区,海湾、河口、海岛及其周围海域,红树林、珊瑚礁,重要的渔业水域,海洋自然历史遗迹和自然景观等生态敏感区及其附近海域时,调查站位应多于最少调查站位数量。

根据全面覆盖、典型代表的潮间带调查断面布设原则,1 级评价等级的建设项目应不少于 3 条,2 级和 3 级评价等级的建设项目应不少于 2 条。调查断面中调查站位布设和调查内容,应符合 GB/T 12763、HY/T 078、HY/T 080、HY/T 084、HY/T 085 等的要求。

3. 调查内容

1 级评价项目的生物现状调查内容应根据建设项目所在区域的环境特征和环境影响评价的要求,选择下列的全部或部分项目:海域细菌(包括粪大肠杆菌、异养细菌、弧菌等)、叶绿素 a、初级生产力、浮游植物、浮游动物、潮间带生物、底栖生物(含污损生物)、游泳动物、鱼卵仔鱼等种类与数量,重要经济生物体内重金属及石油烃的含量,激素、贝毒、农药含量等。有放射性核素评价要求的项目应对海域重要海洋生物进行遗传变异背景的调查。

2 级评价项目的生物现状调查内容应根据建设项目所在区域的环境特征和环境影响评价的要求,选择下列的全部或部分项目:叶绿素 a、浮游植物、浮游动物、潮间带生物、底栖生物(含污损生物)、游泳动物等种类与数量,重要经济生物体内重金属及石油烃的含量、农药含量等。

3 级评价项目应收集建设项目所在海域近三年内的海洋生态和生物资源历史资料,历史资料不足时应进行补充调查。调查内容至少应包括叶绿素 a、浮游植物、浮游动物、潮间带生物、底栖生物、游泳动物种类和数量,重要经济生物体内重金属及石油烃的含量等。

生物(渔业)资源的调查内容应根据建设项目所在区域的环境特征和环境影响评价的要求,调查、收集评价海域的浮游植物、浮游动物、潮间带生物、底栖生物、游泳生物,鱼卵和仔鱼等的种类组成和数量分布等,调查、收集渔业捕捞种类组成、数量分布、生态类群、主要种类组成及生物学特征、主要经济幼鱼比例、渔获量、资源密度及现存资源量,海水养殖的面积、种类、分布、数量、产量、产值等生物资源内容。

当调查与评价海域位于自然保护区,珍稀濒危海洋生物的天然集中分布区、海湾、河口、海岛及其周围海域,红树林、珊瑚礁,重要的渔业水域,海洋自然历史遗迹和自然景观等生态敏感区及其附近海域时,应针对生态敏感目标的空间分布,选择有代表性的、可反映其生态特征的调查内容(要素),获取较完整的调查数据。

4. 调查时间与频次

海洋生态和生物资源的调查时间应根据所在海域的位置,合理选择代表季节特征的月份。

1级和2级评价项目一般应在春、秋两季分别进行调查;有特殊物种及特殊要求时可适当调整调查频次和时间。

调查时间可与水质调查同步;同时应尽量收集调查海域的主要调查对象的历史资料给予补充。

5. 样品的采集、保存和分析方法

海洋生物调查样品的采集、保存与运输应符合 GB 17378.3 中的要求;样品的分析方法应符合 GB 17378.6 中的要求。

6. 数据分析、处理的质量控制

海洋生物样品分析和数据处理应符合 GB 17378.2 中的要求。

数据分析和实验室的内部质量控制应符合 GB 17378.2 中的有关规定和实验室质量控制的相关要求。

四、环境现状评价

1. 评价内容

海洋生态和生物资源环境现状评价内容应包括:

(1)分析和评价叶绿素、初级生产力、浮游动植物、底栖生物、潮间带生物的种类组成和群落的时空分布;

(2)分析和评价海域的生物生境现状、珍稀濒危动植物现状、生态敏感区现状、海洋经济生物现状等;

(3)分析和评价生物量、密度、物种多样性(含优势度指数、物种多样性指数)、均匀度、丰富度、种类和群落相似性、生物群落演替、有机污染和富营养化等参数;

(4)分析、评估评价海域的海洋生态系统服务功能(含供给、调节、文化和支

持服务功能)现状和经济价值;

(5)从生态系统完整性的角度评价生态环境现状,注意区域生态环境的功能与稳定性;

(6)结合评价海域和周边海域近年来的生物(渔业)资源密度分布和变化趋势,依据现状资料和历史资料,客观、合理地评估各类生物(渔业)资源的种类、密度、主要经济种类、资源量等及其分布特征;

(7)分析、评价建设项目所在区域生物(渔业)资源的现状、特征、生产能力、主要经济种类、资源变化趋势和其他重大生态问题;

(8)用可持续发展的观点评价海洋生物(渔业)资源的现状、发展趋势和承受干扰的能力;

(9)海洋生态和生物资源现状评价应分析、评估原有海洋自然生态系统或次生生态系统的生产能力状况并用调查、分析数据予以佐证。

2. 海洋生态现状评价

(1)叶绿素 a 及初级生产力。初级生产力的估算采用叶绿素 a 法,按联合国教科文组织(UNESCO)推荐的下列公式:

$$P = \frac{\rho_{\text{Chal}} \cdot Q \cdot D \cdot E}{2} \tag{7.2.1}$$

式中,P 为现场初级生产力,$\text{mgC}/(\text{m}^2 \cdot \text{d})$;$\rho_{\text{Chal}}$ 为真光层内平均叶绿素 a 含量,mg/m^3;Q 为不同层次同化指数算术平均值;D 为昼长时间,h,根据季节和海区情况取值;E 为真光层深度,m,取透明度(m)×3。

(2)种类多样性指数。生物群落多样性是生物群聚的一个重要属性,它反映生物群落的种类与个体数量的函数关系,可用多样性指数和均匀度衡量。种类多样性指数是生物群落结构的一个重要属性的反映,可作为水质评价的生物指标,并可用来预测赤潮。种类多样性指数使用 Shannon-Wiener 法的多样性指数计算公式和 Pielous 均匀度计算公式:

$$H' = -\sum_{i=1}^{S} P_i \log_2 P_i \tag{7.2.2}$$

式中,H' 为多样性指数;$P_i = n_i/N$(n_i 是第 i 个物种的个体数,N 是全部物种的个体数)。

Shannon-Wiener 多样性指数理论上可用于任何一个生物类群。在浮游生物方面,由于其个体较小而均匀,都以个体数来计算,误差不大;可是在鱼类或底栖生物中应用时,因每个种的个体相差可能很大,以个体数来计算不大恰当,可用生物量来代替个体数,或同时用个体数和质量分别计算加以比较。多样性指数判断标准如下：

$H'=0$ 为严重污染；

$H'<1$ 为重污染；

$H'=1$ 并且 $J'=0.1$ 认为是浮游植物赤潮发生的阈值；

$H'=1\sim3$ 为中污染；

$H'>3$ 为清洁。

上述判断标准主要就底栖生物而言,用作浮游植物参考标准,其中关于赤潮发生的阈值($H'<1$ 时认为发生赤潮)是引用林永水等的研究成果(《近海富营养化与赤潮研究》科学出版社,1997)。

(3)均匀度。均匀度 J 由 Pielous 提出,其公式为

$$J=\frac{H'}{\log_2 S} \tag{7.2.3}$$

式中,J 为浮游植物的均匀度;S 为种类数。

(4)优势种和优势度。优势度采用以下公式计算：

$$Y=\frac{n_i}{N}\cdot f_i \tag{7.2.4}$$

式中,Y 为优势度;n_i 为第 i 种的数量;F_i 为该种在各站出现的频率;N 为生物个体总数。

当 $Y\geqslant 0.02$(根据海域不同调整)时,判定为该种为评价海区的优势种。

(5)丰度指数：

$$d=\frac{S-1}{\log_2 N} \tag{7.2.5}$$

式中,d 为丰度指数;S 为种类数量;N 为生物个体总数。

(3)潮下带底栖生物分布状况及评价结果。底栖生物现状调查内容有底栖生物的种类组成,其中包括优势种类所占比例,底栖生物的生物量组成及分布、生物量的变化范围、平均值、最高值、最低值。

底栖生物的密度组成及分布其中包括调查海域栖息密度、优势种的栖息密度及其平均值,分布趋势(表 7.2-1)以及生物群落特征和生物多样性指效。

表 7.2-1　底栖生物的生物量和栖息密度

类群		多毛类	棘皮类	软体类	甲壳类	鱼类	……	其他	合计
生物量	g/m²								
	%								

（续表）

	类群	多毛类	棘皮类	软体类	甲壳类	鱼类	……	其他	合计
栖息密度	个/平方米								
	%								

（4）潮间带生物分布。潮间带生物现状调查内容包括潮间带生物的种类组成，其中有主要种和优势种所占比例、主要种和优势种的垂直分布和季节分布，潮间带生物的生物量组成及分布、生物量的变化范围，平均值，最高值，最低值。潮间带生物的群落特征和生物多样性指数。

潮间带生物的密度组成及分布其中包括调查海域栖息密度的变化范围，平均值，优势种的栖息密度及其平均值，分布趋势。

3. 海洋生物现状评价

海洋生物质量评价方法采用单因子污染指数评价法：

$$I_i = C_i / S_{ij} \tag{7.2.6}$$

式中，I_i 为第 i 测项的污染指数；C_i 为第 i 测项的实测浓度或指标值；S_{ij} 为第 i 测项的第 j 类生物质量标准值。

I_i 是无量纲量，其大小用于描述被测样品的质量状况。当单因子污染指数大于 1.0 时，表明生物已明显受到该因子污染。

贝类评价标准采用《海洋生物质量标准》（GB 18421—2001）；鱼类、甲壳类、软体类体内污染物质（石油烃除外）含量评价标准采用《全国海岸带和海涂资源综合调查简明规程》中规定的生物质量标准，鱼类、甲壳类、软体类石油烃含量的评价标准采用《第二次全国海洋污染基线调查技术规程》（第二分册）中规定的生物质量标准。

二、海洋渔业资源状况

1. 调查概况

渔业资源的调查一般以收集资料为主。收集的资料应为国家相关主管部门认可的资料，作为现状使用的资料的有效期为三年。如现有资料不能满足评价要求，需辅以现场调查。

调查内容包括：渔业资源调查的范围，具体经纬度坐标以及主要渔区、调查时间、调查船舶等。

2.渔业资源分布状况

评价区域所涉及海区的渔业资源(鱼类、头足类、甲壳类等)的主要种类组成、生活习性、渔获物的组成差异和渔获量的变化。调查海区鱼类的洄游特性,其中包括主要经济鱼类的越冬场、产卵场、索饵场、洄游路线。

调查海岸区鱼卵、仔稚鱼的数量、分布范围和密集中心等。

海洋珍稀动物种类、数量、生活习性、产卵期。

3.渔业资源密度评估

(1)资源数量的评估。资源数量的评估根据底拖网扫海面积法(密度指数法),来估算评价区的资源密度和生物个体密度,求算公式为

$$S=(y)/a(1-E) \tag{7.2.7}$$

式中,S 为资源密度(kg/km^2)或生物个体密度(ind/km^2);a 为底拖网每小时的扫海面积;y 为平均渔获率(kg/h)或平均生物个体密度(ind/h);E 为逃逸率(取 0.5)。

(2)优势种。根据渔获物中个体大小悬殊的特点,选用 Pinkas 等提出的相对重要性指数 IRI,来分析渔获物数量组成中其生态优势种的成分,依此确定优势种。IRI 计算公式为

$$IRI=(N+W)F$$

式中,N 为某一种类的尾数占渔获总尾数的百分比;W 为某一种类的重量占渔获总重量的百分比;F 为某一种类出现的站位数占调查总站位数的百分比。

4.海洋渔业生产状况

渔业生产状况包括评价海区邻近渔港的分布情况、乡镇和渔业人口的发展情况、渔船拥有量及吨位;评价海区邻近海水养殖各种海产品类型的养殖面积、养殖品种、养殖产量等;评价海区海洋捕捞产仓捕捞种类、捕捞产量变化趋势、捕捞种类变化趋势等。

第三节　海洋生态环境影响预测与评价

一、预测内容

1.海洋生态的影响预测内容

(1)分析评价海洋生物、生境及其生产能力是否因工程的建设和运营受到

损害或潜在损害,是否可引起其他重大生态问题;

(2)重点分析海岸线变化、栖息地被占用、海床(滩涂)冲刷与淤积、污染物排放等对海洋生态(含底栖生物、游泳生物、浮游生物、生物量、珍稀濒危动植物、生态群落与结构等)产生的影响;

(3)分析建设项目建设阶段对海洋生态的影响,主要包括施工活动使海洋生境变化的定量程度,以及由于此种变化导致评价因子的变化而使生物生态受到的影响范围和影响程度;

(4)分析建设项目运营阶段对海洋生态的影响,主要包括生产运行改变了的生态环境区域空间格局和水体利用的影响状况,以及由此而影响海洋生态的范围和程度。

2. 海洋生物资源影响预测内容

(1)分析评价生物(渔业)资源的特征、生产能力是否因工程的建设和运营受到损害或潜在损害,是否可引起其他重大资源问题;

(2)重点分析海岸线变化、栖息地(洄游路线)被占用、海床(滩涂)冲刷与淤积、污染物排放等对生物资源(含鱼卵和仔稚鱼、水产养殖等)产生的影响;

(3)分析建设项目建设阶段对生物资源的影响,主要包括施工活动使生物资源遭受的损失量和生物资源受到的影响范围和影响程度;

(4)分析建设项目运营阶段对生物资源的影响,主要包括生产运行改变了的生境空间格局对生物资源的影响范围和程度。

二、预测方法

海洋生态主要影响因子的预测可采用数值模拟方法;也可采用类比分析、生态机理分析、景观生态学等方法进行定量、定性的预测分析和评估。生物资源的定量评估方法应符合下述要求:

(1)生物资源的影响预测可采用定量评估方法,给出的定量评估结果应客观、合理;

(2)应依据评价海域和周边海域近年来的生物资源密度分布和变化趋势,依据现状资料和历史资料,客观、合理地选用生物资源密度数据;

(3)应依据评价海域和周边海域近年来的鱼卵、仔稚鱼和幼体与成体的分布和变化趋势,依据实验研究成果,合理地选择鱼卵成活率、仔稚鱼成活率、幼体折算为成体换算比率、经济生物平均成体最小成熟规格等计算参数;

(4)应依据污染物的种类、特征,合理确定污染物扩散范围内不同污染物浓度的增量区,合理选择不同污染物浓度增量区内生物资源的损失率等有关参数。

三、关注重点

1. 海洋生态和生物资源影响预测应关注的重点

(1)建设项目所产生的各种干扰,对评价区域内的海洋生态和生物(渔业)资源是否带来某些新的变化;

(2)是否使某些生态问题严重化;

(3)是否使海洋生态和生物(渔业)资源发生了时间与空间的变更;

(4)是否使某些原来存在的生态问题向有利的方向发展等。

3级评价项目要对关键评价因子(如珍稀濒危物种、海洋经济生物等)进行预测;2级评价项目要对所有重要评价因子进行单项预测;1级评价项目除了进行单项预测外,还要对区域性全方位的影响进行预测,有低放射性废液排放的建设项目,除了开展1级评价项目的预测外,还应进行海洋生态遗传变异趋势的预测。

应预测、分析建设项目施工阶段对海洋生态和生物资源造成影响的性质、范围、程度、时段;应预测、分析建设项目运营阶段各主要因子对海洋生态和生物资源造成影响的性质、范围、程度、时段。生产阶段的预测时段应不少于5年。

应预测、分析建设项目所造成的水文动力条件变化而导致岸线、海底地形变化等对海洋生态和生物资源的影响。

2. 替代方案的比选

替代方案是指海洋工程在建设规模、选址和总体布置方面的可替代(比选)的方案,包括项目的保护对策措施的多方案比较。

替代方案原则上应达到海洋生态和生物资源保护的最佳效果;在方案比选中应评价各方案的优点和缺点。

对海洋生态和生物(渔业)资源有明显影响的1级评价项目须进行替代方案比选,并应对关键的海洋生态问题和生物资源问题及其保护对策措施进行多方案比较,择优选择。

四、环境影响评价结果要求

建设项目海洋生态和生物(渔业)资源的影响评价内容和结果应符合下列要求:

(1)应根据海洋生态和生物资源现状评价和分析预测结果,结合海域的生态特征,按照生态环境和资源的可承载能力,分析海洋工程选址和布置的合理性,对建设项目的选址和布置方案开展多方案的比选和优化,保障海洋生态和生物资源的可持续利用;

(2)依据建设项目的工程方案,分析评价各方案导致的评价海域及其周边海域海洋生物、生态环境、生物物种多样性、生态群落等指示要素的变化与特征,分析评价生态功能、生态稳定性的变化与特征,分析评价生物资源的变化与特征;从生物生态、生物资源的影响程度和可接受性角度,分析和优选最佳工程方案;

(3)阐明生物生境现状,珍稀濒危动植物现状、生态敏感区现状、海洋生物现状评价结果;

(4)阐明建设项目导致的评价海域海洋生态和生物资源主要要素的变化与特征评价结果;

(5)根据各评价因子的定量或定性结果说明主要影响因子的影响范围、位置和面积;

(6)明确建设项目是否满足预期的海洋生态、生物生境质量要求的评价结论;

(7)明确建设项目导致的对海洋生态、生境的影响和干扰是否可以承受的评价结论,阐明评价海域的海洋生态是否存在不可承受的损害或潜在损害的明确结果;

(8)明确建设项目所在海域生物资源的现状、特征、资源量变化趋势和其他重大问题的评价结论,阐明生物资源损失的量化评价结果,阐明生物资源的抗干扰承受能力的分析结论;

(9)阐明建设项目导致的生态生境破坏、珍稀濒危动植物损害、海洋经济生物重要产卵场受损、生物多样性减少、外来生物入侵危害等重大海洋生态问题的评价结论;

(10)从海洋资源可持续发展角度,明确项目建设是否会产生重大的海洋生态和生物资源损害,阐明评价海域的生态功能、生态稳定性和生物资源干扰承受能力等的变化是否可接受的评价结论。

若评价结果表明建设项目对所在评价海域及其周边海域的海洋生态和生物资源产生较大影响,环境不可承受或不能满足环境质量要求时,应提出修改建设方案的规模、总体布置或重新选址等建议。

五、生态影响定性分析(举例)

1. 施工过程对底栖生物影响分析

施工建设对底栖生物最主要的影响是挖砂施工毁坏了底栖生物的栖息地，使底栖生物栖息空间受到了影响，并且可直接导致底栖生物死亡。底栖生物受到影响按照影响地点的不同可分为以下几种类型：

(1)水工构筑物及陆域形成的影响。水工构筑物的建设过程将占用部分水域，并对附近水域底栖生物产生不良影响，但由于水工构筑物受影响的底栖生物量较小。项目建成后，在水工构筑物底部将逐渐形成新的底栖生物群落，慢慢恢复到从前的生物水平。

陆域形成将对原有海域全部占用，对底栖生物造成永久性损失。

(2)水下挖掘的影响。水下挖掘主要包括港池疏浚等过程，将造成挖掘区底栖生物几乎全部损失。当底栖生物的影响区域较小，并且受影响的时间为非产卵期时，其恢复通常较快，恢复后其主要结构参数(种数、丰富度及多样性指数等)将与挖掘前或邻近的未挖掘水域基本一样，但物种组成仍有显著的差异，要彻底恢复，则需要更长的时间。这是由于底栖生物的幼虫为浮游生物，只要有足够的繁殖产量，这些幼虫随海流作用还会来到工程海域生长。然而，如果受影响区域较大，影响的时间恰为繁殖期或影响的持续时间较长，则其恢复通常较慢，如果没有人工放流底栖生物幼苗，底栖生物的恢复期可能持续5～7年。

(3)悬浮物扩散区的影响。施工期彻底改变施工水域内的底质环境，使得少量活动能力强的底栖种类逃往他处，大部分底栖种类将被掩埋、覆盖，除少数能够存活外，绝大多数将死亡。从这个意义上讲，施工作业对施工区底栖生物群落破坏是不可逆转的。工程建成后，水工建筑物上会逐渐形成以藤壶、牡蛎、贻贝等附着生物为主的新的生物群落。

2. 施工过程对浮游植物影响分析

港口航道与海岸工程建设对浮游植物最主要的影响是水体中增加的悬浮物质影响了水体的透光性，进而影响了浮游植物的光合作用。港口建设过程中造成悬浮物浓度增加，水体透光性减弱，光强减少，将对浮游植物的光合作用起阻碍作用。

一般而言，悬浮物的浓度增加 10 mg/L 以下时，水体中的浮游植物不会受到影响，而当悬浮物浓度增加 50 mg/L 以上时，浮游植物会受到较大的影响，特别是中心区域，悬浮物含量极高，海水透光性极差，浮游植物基本上无法生存。

当悬浮物的浓度增加量为 10～50 mg/L 时,浮游植物将会受到轻微的影响。因此,本项目开发建设过程中要注意悬浮物浓度的控制,避免造成大量水生生态损失。

3. 施工过程对浮游动物的影响分析

施工作业对浮游动物最主要的影响是水体中增加的悬浮物质,增加了水体的浑浊度。悬浮物对浮游动物的影响与悬浮物的粒径、浓度等有关。具体影响反映在浮游动物的生长率、存活率、摄食率、丰度、生产量及群落结构等方面。浮游动物受影响程度和范围与浮游植物的相似。

4. 施工过程对渔业资源影响分析

施工作业对渔业资源的影响主要是施工悬浮物对渔业资源的影响。

悬浮物对鱼类的影响分为三类,即致死效应、亚致死效应和行为影响。这些影响主要表现为直接杀死鱼类个体;降低其生长率及其对疾病的抵抗力;干扰其产卵、降低孵化率和仔鱼成活率;改变其洄游习性;降低其饵料生物的丰度;降低其捕食效率等。

悬浮物对鱼类的影响,国外学者曾做过大量实验,其中 Biosson 等研究了鱼类在混浊水域表现出的回避反应,研究结果表明当水体悬浮物浓度达到 70 mg/L 时,鱼类在 5 min 内迅速表现出回避反应。实验表明,成鱼在混浊水域内会做出回避反应,迅速逃离施工地带。

不同种类的水生生物对悬浮物浓度的忍受限度不同,一般来说,仔幼体对悬浮物浓度的忍受限度比成体低很多。以长江口疏浚泥悬沙对中华绒毛蟹早期发育的试验结果为例,类比分析悬浮泥沙对鱼类的影响。当悬沙浓度为 8 g/L 时,中华绒毛蟹胚胎发育在原肠期以前,胚胎成活率几乎为 100%,但当胚胎发育至色素形成期则会产生一定程度的影响,试验三组数据最大死亡率为 70%,最小为 5%,平均 30%。不同的悬沙浓度不影响中华绒毛蟹蚤状幼体的成活率,但当悬沙浓度达到 16 g/L 时,对蚤状幼体的变态影响极为显著。高浓度悬沙可推迟蚤状幼体的变态;当悬沙浓度为 32 g/L 以上时,可降低蚤状幼体对轮虫的摄食和吸收。

此外,悬浮泥沙对渔业的影响还体现在对浮游动物与浮游植物食物供应所受到的影响上。浮游植物和浮游动物是海洋生物的初级和次级生产力,海中悬浮液、悬沙会对浮游植物和浮游动物的生长产生不利影响,严重时甚至会导致其死亡。从食物链的角度不可避免对鱼类和虾类的存活与生长产生明显的抑制作用,对渔业资源带来一定影响。

5.爆破施工对渔业资源的影响分析

水下爆破产生的冲击波对海洋生物造成致死的效应已为众多学者和科学家所认识。其危害作用主要来自三个方面:一是炸药在水中瞬间爆炸产生的冲击波,二是爆破气体在水体中做胀缩上浮运动形成的脉动水压力,三是边界反射所产生的多途效应所构成的声场,这些都会对水生生物有损害甚至致死的效应。现收集一些研究成果如下:

(1)水中爆破震源对鱼类的影响研究。20世纪80年代中国水产科学研究院南海水产研究所等单位曾经对"水中爆破震源对鱼类的影响"进行了详细的研究和论证,研究结果表明,由于鱼类的防卫习性等原因,除前一到两炮对鱼略有影响以外,连续施工时,施工区影响范围内基本无鱼类活动,一般不会对重要鱼类资源造成伤害,而一般性鱼类和其他小型动物则不可避免会受到爆破作业的影响。因此,为了减少爆破对海洋生物的影响,爆破施工应采用合格环保型的乳化炸药,以减少爆破产生的有害物质;在前几次爆破施工前用人工产生强声波法,在爆破施工影响范围驱赶有可能存在的中华白海豚。

(2)大连港大窑港区抛石基床爆夯区及附近海域水质及海洋生物观测结果。1990年6月22日—7月22日,国家海洋局海洋环境保护研究所对大连港大窑港区抛石基床爆夯区及附近海域的水质及海洋生物进行了监测。监测结果表明:爆炸前后水质未发生显著变化;爆炸对浮游生物基本无影响;调查中的26种浮游动物爆炸前后几乎没有什么变化;在爆破区选定三个浮筏贻贝养殖观测点,爆后15天内进行了三次调查,贻贝的脱落和死亡率分别为0、0.5%、1%,属正常范围。

(3)青岛港前湾港区基岩爆破对海洋生物影响试验。2001年3月国家海洋局北海环境监测中心编制的《青岛港前湾港区基岩爆破对海洋生物影响试验》结果表明,除爆破药量外,由于其他爆破参数的变化幅度较小,爆破对生物的作用与爆破的水深、孔深无明显相关性,而炸药量级与生物损害程度则呈明显的正相关关系,对生物的影响起主要作用。炸药量是生物影响程度的关键因素。

(4)大洋山附近的泥灰礁爆破对渔业资源影响的试验研究。东海水产研究所于2003年11月对在大洋山附近的泥灰礁(试爆中心位于大盘礁)进行了两次渔业资源影响试验。其中延迟爆破试验,使用 ML-1 型岩石乳化炸药,总起爆药量980 kg,最大单响起爆药量250 kg,分别选取距爆炸中心300 m、500 m、700 m和1 000 m处设置4个观测站点进行最大峰压值测定和受试生物致死率试验。试验结果表明,爆破对受试生物的影响随与爆破中心半径距离的加大而逐渐减小;300 m 各生物致死率都在 20％左右,但受试的石首科鱼类——梅童、白姑鱼和鮸鱼,在 300 m 出现 100％的死亡现象;500 m 各生物致死率都在 5％～10％;500 m 外爆破对受试生物影响较小。

从以上试验研究和现场观测结果可以看到,爆破过程中,爆炸所产生的悬浮物对水质影响较小,从而对浮游生物影响较小;主要的影响是爆炸破坏了底栖生物和所形成的冲击波对游泳生物的成鱼、虾类和鱼卵仔鱼有较为明显的影响。鱼类沉浮依赖于鳔,冲击波往往将鳔击碎,造成死亡。东海水产研究所的试验证明,冲击波造成鱼类死亡。在水中,冲击波能量传播的距离更远,因而对生物的杀伤力更大。

六、生物资源损失评估方法

生物资源损失评估方法可参照《建设项目对海洋生物资源影响评价技术规程》(SC/T 9110—2007)。

1. 占用渔业水域的海洋生物资源量损害评估

该方法适用于因工程建设需要,占用渔业水域,使渔业水域功能被破坏或海洋生物资源栖息地丧失。各种类生物资源损害量评估按式(7.3.1)计算:

$$W_i = D_i \times S_i \tag{7.3.1}$$

式中,W_i 为第 i 种类生物资源受损量,单位为尾(个)、千克(kg);D_i 为评估区域内第 i 种类生物资源密度,单位为尾(个)/平方千米、尾(个)/立方千米、kg/km^2、kg/km^3;S_i 为第 i 种类生物占用的渔业水域面积或体积,单位为 km^2 或 km^3。

2. 污染物扩散范围内的海洋生物资源损害评估

该方法适用于污染物(包括温度、盐度变化)扩散范围内对海洋生物资源的损害评估,分一次性损害和持续性损害。

一次性损害为污染物浓度增量区域存在时间少于 15 d(不含 15 d);

持续性损害为污染物浓度增量区域存在时间超过 15 d(含 15 d)。

(1)一次性平均受损量评估。某种污染物浓度增量超过《渔业水质标准》(GB 11607—89)或《海水水质标准》(GB 3097—1997)中Ⅱ类标准值(两标准中未列入的污染物,其标准值按照毒性试验结果类推),对海洋生物资源损害按式(7.3.2)计算:

$$W_i = \sum_{j=1}^{n} D_{ij} \times S_j \times K_{ij} \tag{7.3.2}$$

式中,W_i 为第 i 种类生物资源次性平均损失量,尾(个)、kg;D_{ij} 为某一污染物第 j 类浓度增量区第 i 种类生物资源密度,尾(个)/平方千米、kg/km^2;S_j 为某一污染物第 j 类浓度增量区面积,km^2;K_{ij} 为某一污染物第 j 类浓度增量区第 i 种类生物资源损失率,%,生物资源损失率取值参见表 7.3-1;n 为某一污染物浓度增量分区总数。

表 7.3-1 污染物对各类生物损失率 K_{ij}

污染物 i 的超标倍数 B_i	各类生物损失率(%)			
	鱼卵和仔稚鱼	成体	浮游动物	浮游植物
$B_i \leqslant 1$	5	<1	5	5
$1 < B_i \leqslant 4$	5~30	1~10	10~30	10~30
$4 < B_i \leqslant 9$	30~50	10~20	30~50	30~50
$B_i \geqslant 9$	$\geqslant 50$	$\geqslant 20$	$\geqslant 50$	$\geqslant 50$

(2)持续性损害受损量评估。当污染物浓度增量区域存在时间超过 15 d 时,应计算生物资源的累计损害量。计算以年为单位的生物资源的累计损害量用式(7.3.3)。

$$M_i = W_i \times T \tag{7.3.3}$$

式中,M_i 为第 i 种类生物资源累计损害量,尾(个)、kg;W_i 为第 i 种类生物资源一次平均损害量,尾(个)、kg;T 为污染物浓度增量影响的持续周期数(以年实际影响天数除以 15)。

3. 水下爆破对海洋生物资源损害评估

该方法适用于水下爆破对海洋生物资源损害评估。根据水下爆破方式、一次起爆药量、爆破条件、地质和地形条件、水域以及边界条件,通过冲击波峰值压力与致死率计算,分析、评估水下爆破对海洋生物资源损害。

冲击波峰值压力按式(7.3.4)计算:

$$P = a \left(\frac{Q^{1/3}}{R} \right)^b \tag{7.3.4}$$

式中,P 为冲击波峰值压力,kg/cm^2;Q 为一次起爆药量,kg;R 为爆破点距测点距离,m;a、b 为系数,根据测试数据确定。

冲击波峰值压力值推算渔业生物致死率,参见表 7.3-2。

表 7.3-2 最大峰值压力与受试生物致死率的关系

项目		距爆破中心距离(m)			
		100	300	500	700
最大峰压值(kg/cm²)		5	<1	5	5
致死率(%)	鱼类(石首科除外)	5～30	1～10	10～30	10～30
	石首科鱼类	30～50	10～20	30～50	30～50
	虾类	≥50	≥20	≥50	≥50

水下爆破的持续影响周期以 15 d 为一个周期。水下爆破对生物资源的损害评估按式(7.3.5)计算:

$$W_i = \sum_{j=1}^{n} D_{ij} \times S_j \times K_{ij} \times T \times N \tag{7.3.5}$$

式中,W_i 为第 i 种类生物资源累计损失量,尾(个)、kg;D_{ij} 为第 j 类影响区中第 i 种类生物的资源密度,尾(个)/平方千米、kg/km²;S_j 为第 j 类影响区面积,km²;K_{ij} 为第 j 类影响区第 i 种类生物致死率,%;T 为第 j 类影响区的爆破影响周期数(以 15 d 为个周期);N 表示 15 d 为一个周期内爆破次数累积系数,爆破 1 次,取 1.0,每增加一次增加 0.2;n 为冲击波峰值压力值分区总数。

对底栖生物的损害评估根据实际情况考虑影响周期。

4. 电厂取、排水卷载效应的鱼卵、仔稚鱼、幼鱼损害评估

卷载效应又叫卷吸效应,是指水生物随抽取的补给水从进水口进入加热系统,在其中受到温度、压力等因素的影响而死亡的现象。被吸海水要通过拦污栅和滤网后,才进入管道。滤网直径一般为 5～7 mm,正常运行时小于 7 mm 的水生生物会被吸入。卷吸效应只对那些能通过取水系统滤网的鱼卵、仔鱼、仔虾、浮游生物及其他游泳类生物的幼体产生伤害。

电厂取排水卷载效应对鱼卵、仔稚鱼和幼鱼的损害评估按式(7.3.6)计算:

$$W_i = D_i \times Q \times P_i \tag{7.3.6}$$

式中,W_i 为第 i 种类生物资源年损失量,尾(尾);D_i 为评估区域第 i 种类生物资源平均分布密度,尾/立方米;Q 为电厂年取水总量,m³;P_i 为第 i 种类生物资源全年出现的天数占全年的比率,%。

5. 专家评估方法

当建设项目的生物资源损害评估,如对珍稀濒危水生野生动植物造成损害

等无法采用上述 4 种方法进行计算时,可由有经验的专家组成评估组对生物资源损失量进行评估。专家组成员须经省级以上(包括省级)渔业行政主管部门审核同意。评估程序如下:

(1)选择 3～5 名了解本地区生物资源状况的专家,组成评估专家组。

(2)评估专家组制订详细的调查工作方案。

(3)现场调查,广泛收集近年本区域的生产、生物资源动态变化等资料。如果本区域参数不全,可以选用附近地区相同生态类型区的参数。

(4)对获得的资料进行筛选、统计、分析、整理。

(5)确定具体评估方案。

(6)编写评估报告。

6. 长期潜在影响评价

对建设项目运行期废水排放应开展对海洋生物资源长期潜在影响分析和评价,以确定海洋生物资源可能受影响的程度和范围。

废水排放长期潜在影响评价应统筹考虑安全稀释度场和混合区的相容性,原则上废水安全稀释度包络场的面积不应高于国家规定的混合区面积,如超出混合区面积且影响到天然渔业资源和渔业生产,应图示其对渔业环境保护目标的影响,并开展对区域社会经济的影响评价。

安全稀释度的推定过程如下:

(1)当废水特征污染物在国家、地方废水排放标准中有明确规定时,采用有利于渔业资源保护的标准推定。

(2)当废水特征污染物在国家、地方废水排放标准中未有明确规定时,可通过以下途径推定:

1)国际知名化学品毒性数据库中安全浓度数据;

2)采用全废水毒性试验推定的安全浓度数据;

3)类比安全浓度数据。

七、生物资源经济价值计算

1. 鱼卵、仔稚鱼经济价值的计算

鱼卵、仔稚鱼的经济价值应折算成鱼苗进行计算。鱼卵、仔稚鱼经济价值按式(7.3.7)计算:

$$M = W \times P \times E \tag{7.3.7}$$

式中,M 为鱼卵和仔稚鱼经济损失金额,元;W 为鱼卵和仔稚鱼损失量,尾

（个）；P 为鱼卵和仔稚鱼折算为鱼苗的换算比例,鱼卵生长到商品鱼苗按 1% 成活率计算,仔稚鱼生长到商品鱼苗按 5% 成活率计算,%；E 为鱼苗的商品价格,按当地主要鱼类苗种的平均价格计算,元/尾。

2. 幼体经济价值的计算

幼体的经济价值应折算成成体进行计算,当折算成成体的经济价值低于鱼类苗种价格时,则按鱼类苗种价格计算。幼体折算成成体的经济价值按式(7.3.8)计算：

$$M_i = W_i \times P_i \times G_i \times E_i \qquad (7.3.8)$$

式中,M_i 为第 i 种类生物幼体的经济损失额,元；W_i 为第 i 种类生物幼体损失的资源量,尾(个)；P_i 为第 i 种类生物幼体折算为成体的换算比例,按 100% 计算,%；G_i 为第 i 种类生物幼体长成最小成熟规格的重量,鱼、蟹类按平均成体的最小成熟规格 0.1 千克/尾计算,虾类按平均成体的最小成熟规格 0.005~0.01千克/尾计算,千克/尾；E_i 为第 i 种类生物成体商品价格,按当时当地主要水产品平均价格计算,元/千克。

3. 成体生物资源经济价值的计算

成体生物资源经济价值按式(7.3.9)计算：

$$M_i = W_i \times E_i \qquad (7.3.9)$$

式中,M_i 为第 i 种类生物成体生物资源的经济损失额,元；W_i 为第 i 种类生物成体生物资源损失的资源量,kg；E_i 为第 i 种类生物的商品价格,元/千克。

4. 潮间带生物、底栖生物的经济价值的换算

潮间带生物、底栖生物经济损失按式(7.3.10)计算：

$$M = W \times E \qquad (7.3.10)$$

式中,M 为经济损失额,元；W 为生物资源损失量,kg；E 为生物资源的价格,按主要经济种类当地当年的市场平均价或按海洋捕捞产值与产量均值的比值计算(如当年统计资料尚未发布,可按上年度统计资料计算),元/千克。

5. 生物资源损害赔偿和补偿年限(倍数)的确定

(1)各类工程施工对水域生态系统造成不可逆影响的,其生物资源损害的补偿年限均按不低于 20 年计算。

(2)占用渔业水域的生物资源损害补偿,占用年限低于 3 年的,按 3 年补偿；占用年限 3~20 年的,按实际占用年限补偿；占用年限 20 年以上的,按不低于 20 年补偿。

（3）雌性生物资源的损害补偿为一次性损害额的 3 倍。

（4）持续性生物资源损害的补偿分 3 种情形,实际影响年限低于 3 年的,按 3 年补偿;实际影响年限为 3～20 年的,按实际影响年限补偿;影响持续时间 20 年以上的,补偿计算时间不应低于 20 年。

第八章 环境风险评价

第一节 环境风险评价概述

一、术语和定义

1. 环境风险

环境风险指突发性事故对环境造成的危害程度及可能性。

2. 环境风险潜势

环境风险潜势是对建设项目潜在环境危害程度的概化分析表达,是基于建设项目涉及的物质和工艺系统危险性及其所在地环境敏感程度的综合表征。

3. 风险源

风险源指存在物质或能量意外释放,并可能产生环境危害的源。

4. 危险物质

危险物质指具有易燃易爆、有毒有害等特性,会对环境造成危害的物质。

5. 危险单元

危险单元指由一个或多个风险源构成的具有相对独立功能的单元,事故状况下应可实现与其他功能单元的分割。

6. 最大可信事故

最大可信事故指基于经验统计分析,在一定可能性区间内发生的事故中,造成环境危害最严重的事故。

7. 船舶污染事故

船舶污染事故是指船舶及其有关作业活动发生油类、油性混合物和其他有毒有害物质泄漏造成的海洋环境污染事故。船舶污染事故分为操作性船舶污染事故和海难性船舶污染事故。

8. 船舶污染海洋环境风险

船舶污染海洋环境风险是指船舶在航行和作业过程中发生的突发性污染事故对海洋环境的危害程度,用风险值 R 表征,其定义为事故发生概率 P 与事故造成的环境危害后果 C 的乘积,即 R(风险)$=P$(概率)$\times C$(后果)。

二、环境风险评价一般性原则

环境风险评价应以突发性事故导致的危险物质环境急性损害防控为目标,对建设项目的环境风险进行分析、预测和评估,提出环境风险预防、控制、减缓措施,明确环境风险监控及应急建议要求,为建设项目环境风险防控提供科学依据。

第二节 环境风险评价等级划分和评价工作程序

一、环境风险评价等级划分

根据《建设项目环境风险评价技术导则》(HJ 169—2018),环境风险评价工作等级划分为一级、二级、三级。根据建设项目涉及的物质及工艺系统危险性和所在地的环境敏感性确定环境风险潜势,按照表 8.2-1 确定评价工作等级。风险潜势为Ⅳ及以上,进行一级评价;风险潜势为Ⅲ,进行二级评价;风险潜势为Ⅱ,进行三级评价;风险潜势为Ⅰ,可开展简单分析。

表 8.2-1　评价工作等级划分

环境风险潜势	Ⅳ/Ⅳ⁺	Ⅲ	Ⅱ	Ⅰ
评价工作等级	一	二	三	简单分析*

注:* 是相对于详细评价工作内容而言,在描述危险物质、环境影响途径、环境危害后果、风险防范措施等方面给出定性的说明。

1. 环境风险潜势划分

建设项目环境风险潜势划分为Ⅰ,Ⅱ,Ⅲ,Ⅳ/Ⅳ⁺四级。

根据建设项目涉及的物质和工艺系统的危险性及其所在地的环境敏感程度,结合事故情形下环境影响途径,对建设项目潜在环境危害程度进行概化分析,按照表 8.2-2 确定环境风险潜势。

表 8.2-2　建设项目环境风险潜势划分

环境敏感程度(E)	危险物质及工艺系统危险性(P)			
	极高危害(P_1)	高度危害(P_2)	中度危害(P_3)	轻度危害(P_4)
环境高度敏感区(E_1)	IV$^+$	IV	III	III
环境中度敏感区(E_2)	IV	III	III	II
环境轻度敏感区(E_3)	III	III	II	I
注:IV$^+$ 为极高环境风险。				

2. P 的分级确定

分析建设项目生产、使用、储存过程中涉及的有毒有害、易燃易爆物质,参见《建设项目环境风险评价技术导则》(HJ 169—2018)附录 B 确定危险物质的临界量。定量分析危险物质数量与临界量的比值(Q)和所属行业及生产工艺特点(M),按以下方法对危险物质及工艺系统危险性(P)等级进行判断。

(1)危险物质数量与临界量比值(Q)。计算所涉及的每种危险物质在厂界内的最大存在总量与其在《建设项目环境风险评价技术导则》(HJ 169—2018)附录 B 中对应临界量的比值 Q。在不同厂区的同一种物质,按其在厂界内的最大存在总量计算。对于长输管线项目,按照两个截断阀室之间管段危险物质最大存在总量计算。

当只涉及一种危险物质时,计算该物质的总量与其临界量比值,即为 Q。

当存在多种危险物质时,则按式(8.2.1)计算物质总量与其临界量比值(Q):

$$Q = \frac{q_1}{Q_1} + \frac{q_2}{Q_2} + \cdots + \frac{q_n}{Q_n} \tag{8.2.1}$$

式中,$q_1, q_2, \cdots, q_n$ 分别为每种危险物质的最大存在总量,t。

$Q_1, Q_2, \cdots, Q_n$ 分别为每种危险物质的临界量,t。

当 $Q < 1$,该项目环境风险潜势为 1。

当 $Q \geqslant 1$,将 Q 值划分为:(1)$1 \leqslant Q < 10$;(2)$10 \leqslant Q < 100$;(3)Q 大于 100。

(2)行业及生产工艺(M)。分析项目所属行业及生产工艺特点,按照表 8.2-3 评估生产工艺情况。具有多套工艺单元的项目,对每套生产工艺分别评分并求和。将 M 划分为:(1)$M > 20$;(2)$10 < M \leqslant 20$;(3)$5 < M \leqslant 10$;(4)$M = 5$,分别以 M_1、M_2、M_3 和 M_4 表示。

表 8.2-3　行业及生产工艺(M)

行业	评估依据	分值
石化、化工、医药、轻工、化纤、有色冶炼等	涉及光气及光气化工艺、电解工艺(氯碱)、氯化工艺、硝化工艺、合成氨工艺、裂解(裂化)工艺、氟化工艺、加氢工艺、重氮化工艺、氧化工艺、过氧化工艺、胺基化工艺、磺化工艺、聚合工艺、烷基化工艺、新型煤化工工艺、电石生产工艺、偶氮化工艺	10/套
	无机酸制酸工艺、焦化工艺	5/套
	其他高温或高压,且涉及危险物质的工艺过程[a]、危险物质贮存罐区	5/套(罐区)
管道、港口/码头等	涉及危险物质管道运输项目、港口/码头等	10
石油天然气	石油、天然气、页岩气开采(含净化),气库(不含加气站的气库),油库(不含加气站的油库)、油气管线[b](不含城镇燃气管线)	10
其他	涉及危险物质使用、贮存的项目	5

a 高温指工艺温度≥300℃,高压指压力容器的设计压力(P)≥10.0 MPa;b 长输管道运输项目应按站场、管线分段进行评价。

(3)危险物质及工艺系统危险性(P)分级。根据危险物质数量与临界量比值(Q)和行业及生产工艺(M),按照表 8.2-4 确定危险物质及工艺系统危险性等级(P),分别以 P_1、P_2、P_3、P_4 表示。

表 8.2-4　危险物质及工艺系统危险性等级判断(P)

危险物质数量与临界量比值(Q)	行业及生产工艺(M)			
	M_1	M_2	M_3	M_4
$Q \geqslant 100$	P_1	P_1	P_2	P_3
$10 \leqslant Q < 100$	P_1	P_2	P_3	P_4
$1 \leqslant Q < 10$	P_2	P_3	P_4	P_4

3. E 的分级确定

分析危险物质在事故情形下的环境影响途径,如大气、地表水、地下水等,按照以下方法对建设项目各要素环境敏感程度(E)等级进行判断。

（1）大气环境。依据环境敏感目标环境敏感性及人口密度划分环境风险受体的敏感性，共分为三种类型，E_1 为环境高度敏感区，E_2 为环境中度敏感区，E_3 为环境低度敏感区，分级原则见表 8.2-5。

表 8.2-5 大气环境敏感程度分级

分级	大气环境敏感性
E_1	周边 5 km 范围内居住区、医疗卫生、文化教育、科研、行政办公等机构人口总数大于 5 万人，或其他需要特殊保护区域；或周边 500 m 范围内人口总数大于 1 000 人；油气、化学品输送管线管段周边 200 m 范围内，每千米管段人口数大于 200 人
E_2	周边 5 km 范围内居住区、医疗卫生、文化教育、科研、行政办公等机构人口总数大于 1 万人、小于 5 万人；或周边 500 m 范围内人口总数大于 500 人、小于 1 000 人；油气、化学品输送管线管段周边 200 m 范围内，每千米管段人口数大于 100 人、小于 200 人
E_3	周边 5 km 范围内居住区、医疗卫生、文化教育、科研、行政办公等机构人口总数小于 1 万人；或周边 500 m 范围内人口总数小于 500 人；油气、化学品输送管线管段周边 200 m 范围内，每千米管段人口数小于 100 人

（2）地表水环境。依据事故情况下危险物质泄漏到水体的排放点受纳地表水体功能敏感性，与下游环境敏感目标情况，共分为三种类型，E_1 为环境高度敏感区，E_2 为环境中度敏感区，E_3 为环境低度敏感区，分级原则见表 8.2-6。其中地表水功能敏感性分区和环境敏感目标分级分别见表 8.2-7 和表 8.2-8。

表 8.2-6 地表水环境敏感程度分级

环境敏感目标	地表水功能敏感性		
	F_1	F_2	F_3
S_1	E_1	E_1	E_2
S_2	E_1	E_2	E_3
S_3	E_1	E_2	E_3

表 8.2-7 地表水功能敏感性分区

敏感性	地表水环境敏感特征
敏感 F_1	排放点进入地表水水域环境功能为Ⅱ类及以上,或海水水质分类第一类;或以发生事故时,危险物质泄漏到水体的排放点算起,排放进入受纳河流最大流速时,24 h 流经范围内涉跨国界的
较敏感 F_2	排放点进入地表水水域环境功能为Ⅲ类,或海水水质分类第二类;或以发生事故时,危险物质泄漏到水体的排放点算起,排放进入受纳河流最大流速时,24 h 流经范围内涉跨省界的
低敏感 F_3	上述地区之外的其他地区

表 8.2-8 环境敏感目标分级

分级	环境敏感目标
S_1	发生事故时,危险物质泄漏到内陆水体的排放点下游(顺水流向)10 km 范围内、近岸海域一个潮周期水质点可能达到的最大水平距离的两倍范围内,有如下一类或多类环境风险受体:集中式地表水饮用水水源保护区(包括一级保护区、二级保护区及准保护区);农村及分散式饮用水水源保护区;自然保护区;重要湿地;珍稀濒危野生动植物天然集中分布区;重要水生生物的自然产卵场及索饵场、越冬场和洄游通道;世界文化和自然遗产地;红树林、珊瑚礁等滨海湿地生态系统;珍稀、濒危海洋生物的天然集中分布区;海洋特别保护区;海上自然保护区;盐场保护区;海水浴场;海洋自然历史遗迹;风景名胜区;或其他特殊重要保护区域
S_2	发生事故时,危险物质泄漏到内陆水体的排放点下游(顺水流向)10 km 范围内、近岸海域一个潮周期水质点可能达到的最大水平距离的两倍范围内,有如下一类或多类环境风险受体:水产养殖区;天然渔场;森林公园;地质公园;海滨风景游览区;具有重要经济价值的海洋生物生存区域
S_3	排放点下游(顺水流向)10 km 范围、近岸海域一个潮周期水质点可能达到的最大水平距离的两倍范围内无上述类型 1 和类型 2 包括的敏感保护目标

(3)地下水环境。依据地下水功能敏感性与包气带防污性能,共分为三种类型,E_1 为环境高度敏感区,E_2 为环境中度敏感区,E_3 为环境低度敏感区,分级原则见表 8.2-9。其中地下水功能敏感性分区和包气带防污性能分级分别见表 8.2-10 和表 8.2-11。当同一建设项目涉及两个 G 分区或 D 分级及以上时,取相对高值。

表 8.2-9　地下水环境敏感程度分级

包气带防污性能	地下水功能敏感性		
	G_1	G_2	G_3
D_1	E_1	E_1	E_2
D_2	E_1	E_2	E_3
D_3	E_2	E_3	E_3

表 8.2-10　地下水功能敏感性分区

敏感性	地下水环境敏感特性
敏感 G_1	集中式饮用水水源(包括已建成的在用、备用、应急水源,在建和规划的饮用水水源)准保护区;除集中式饮用水水源以外的国家或地方政府设定的与地下水环境相关的其他保护区,如热水、矿泉水、温泉等特殊地下水资源保护区
较敏感 G_2	集中式饮用水水源(包括已建成的在用、备用、应急水源,在建和规划的饮用水水源)准保护区以外的补给径流区;未划定准保护区的集中式饮用水水源,其保护区以外的补给径流区;分散式饮用水水源地;特殊地下水资源(如热水、矿泉水、温泉等)保护区以外的分布区等其他未列入上述敏感分级的环境敏感区[a]
不敏感 G_3	上述地区之外的其他地区

a "环境敏感区"是指《建设项目环境影响评价分类管理名录》中所界定的涉及地下水的环境敏感区。

表 8.2-11　包气带防污性能分级

分级	包气带岩土的渗透性能
D_3	$M_b \geqslant 1.0$ m,$K \leqslant 1.0 \times 10^{-6}$ cm/s,且分布连续、稳定
D_2	0.5 m$\leqslant M_b < 1.0$ m,$K \leqslant 1.0 \times 10^{-6}$ cm/s,且分布连续、稳定 $M_b \geqslant 1.0$ m,1.0×10^{-6} cm/s$< K \leqslant 1.0 \times 10^{-4}$ cm/s,且分布连续、稳定
D_1	岩(土)层不满足上述"D2"和"D3"条件

M_b:岩土层单层厚度。
K:渗透系数。

二、环境风险评价工作程序

港口航道与海岸工程建设项目的环境风险评价程序同其他建设项目的环境风险评价程序基本一致,包括环境风险调查、环境风险潜势初判、风险识别、风险事故情形分析、风险预测与评价、环境风险管理等。主要步骤如下:

(1)基于风险调查,分析建设项目物质及工艺系统危险性和环境敏感性,进行风险潜势的判断,确定风险评价等级。

(2)风险识别及风险事故情形分析应明确危险物质在生产系统中的主要分布,筛选具有代表性的风险事故情形,合理设定事故源项。

(3)各环境要素按确定的评价工作等级分别开展预测评价,分析说明环境风险危害范围与程度,提出环境风险防范的基本要求。

(4)提出环境风险管理对策,明确环境风险防范措施及突发环境事件应急预案编制要求。

(5)综合环境风险评价情况,给出评价结论与建议。

第三节 风险识别

风险识别是源项分析和风险评价的基础,根据历史事故的统计分析和对典型案例的研究,识别评价对象的危险源或事故源、危险类型、可能的危险程度,并确定其主要危险源。

具体开展港口航道与海岸工程环境风险识别工作时,主要包括收集背景资料和确识别范围及内容两部分。

一、收集背景资料

背景资料包括项目资料、环境资料和其他相关资料等。

1. 项目资料

项目资料包括项目生产涉及物料的物化性质、毒理性质、储运、储量自量等;项目生产工艺流程、平面布局;生产装置、设备类型及材质、管路结构及阀门、控制系统;安全、消防、环保、应急设施情况等。

2. 环境资料

环境资料包括项目所在海域的环境保护敏感目标分布、区域气象、水文动力条件等。

3. 其他相关资料

其他相关资料包括项目所属行业国内外事故统计及分析资料,同类装置的国内外事故统计及分析资料;国内外同行业、同类装置的典型事故案例资料等。

二、确定风险识别范围及内容

1. 风险识别范围

无论哪类港口航道与海岸工程建设项目,风险识别范围均可界定在各生产过程中的物料及产生的污染物、生产系统、储存运输系统、相关的公用工程和辅助系统等范围之内。

2. 风险识别内容

环境风险识别内容主要包括危险物质识别、风险源识别、事故形式及危害类型识别。

(1)危险物质识别。熟悉项目所涉及的产品、中间产品、辅料及废物等物质,凡属于有毒物质、易燃物质、强反应或易爆物质等范畴之内的,均属危险物质。应列表说明各种危险物质的物理性质、化学性质、毒理学性质、危险性类别、储存量、运输量及加工量等,并结合相应的评价测值,按照危险物质的危险性及毒性对其进行分类排队,筛选出可能的风险评价因子。

(2)风险源识别。对于港口航道与海岸工程建设项目而言,需分析建设项目在施工阶段、生产阶段、废弃阶段(如果涉及)等阶段可能发生的、潜在的事故风险类型。

(3)事故形式及危害类型识别。在危险物质识别、风险源识别的基础上,分析建设项目可能涉及的事故形式及危害类型,并据此筛选出重大危险源。

3. 风险识别方法

环境风险识别的方法主要有列表筛选法、专家调查法及事故树分析法。在港口工程环境风险评价工作中,建议在以下几方面开展。

(1)事故发生潜在源的辨识。建议从这几方面加以考虑:

1)操作中的自然失败:正常操作偏差造成的事故(设备失灵、控制设施损坏、操作者失误等)。

2)项目现场其他事故引发的危险。

3)外界意外事故引发的危险(如地震、海啸等)。

(2)事故可能发生途径的辨识。可以考虑运用下列方法进行研究:物质危害分析、危险物质与操作的关系研究、工艺流程图剖析、已发生事故回顾分析。

（3）借助生产流程图分析潜在风险。流程图中应该详细标出生产设施、储存设备、集输设施等，便于分析潜在危害。

（4）通过收集的自然环境资料识别风险。收集建设项目所处海域范围内的自然环境资料，包括气象资料、水文动力资料、敏感区分布资料等，利用这些资料可以进一步识别风险，并明确可能受影响的环境保护目标。

三、典型海洋工程的环境风险类型

1. 围填海工程

围填海工程大多布置在近岸港湾，该类工程的主要事故风险类型为船舶溢油事故。此外，其他事故风险类型则取决于因围填海使原有主导功能的改变可能引发潜在的岸线侵蚀堆积等地质灾害、水交换率降低等生态事故。

工程施工期，施工船舶在作业或行进时，可能由于管理疏忽、操作违反规程或失误等原因引起油类跑、冒、滴、漏事故，这类溢油事故相对较小，但也会对水域造成油污染；工程营运期，船舶航行密度将会有所增加，进而增加发生船舶碰撞溢油事故的概率。

2. 人工岛工程

此类工程包括人造独立岛屿和利用现有岛屿进行人工扩建或连岛开发，构筑人工岛的用途决定着此类工程的主要事故风险类型。如构筑人工岛建设港口深水岸线，使用功能以化工码头为主，则主要事故风险类型为船舶溢油事故、危险化学品泄漏、爆炸、火灾事故等。

第四节　源项分析

源项分析是对风险识别出的主要危险源作进一步分析和筛选，以确定不同类型事故的发生概率及污染物的泄漏量。

一、船舶事故统计与分析

1. 船舶交通事故统计与分析

对评价对象或项目所在区域内历年发生的船舶交通事故的事故地点、事故类型、事故原因、损失情况进行统计和分析。

船舶交通事故统计时段从评价的前一年开始，原则上不少于 10 年；少于 10

年的,从建港到评价时的期间应不少于 5 年;少于 5 年的,可选取性质、规模和地理环境最相似的其他地区现有港口项目作为参照。

对于地理上相对独立的新建港口建设项目,可选取性质、规模和地理环境最相似的其他地区现有港口项目为参照类比,按上述要求进行船舶交通事故统计和分析。

2. 船舶污染事故统计与分析

对评价对象或项目所在区域内历年发生的船舶污染事故的事故地点、事故类型、事故原因、污染种类及数量分布规律、损失情况进行统计和分析。

收集典型事故案例资料并进行事故分析。

船舶污染事故统计时段从评价的前一年开始,原则上不少于 10 年;少于 10 年的,从建港到评价时的期间应不少于 5 年;少于 5 年的,可选取性质、规模和地理环境最相似的其他地区现有港口项目作为参照。

二、船舶事故发生频率

1. 船舶交通事故发生频率

根据评价对象或项目所在区域历年发生的船舶交通事故进行统计计算,统计时段从评价的前一年开始,原则上应不少于 10 年;少于 10 年的,从建港到评价时的期间应不少于 5 年;少于 5 年的,可选取性质、规模和地理环境最相似的其他地区现有港口项目作为参照。

2. 船舶污染事故发生频率

(1)操作性船舶污染事故发生频率。根据评价对象或项目所在区域历年发生的操作性船舶污染事故进行统计计算,统计时段从评价的前一年开始,原则上应不少于 10 年;少于 10 年的,从建港到评价时的期间应不少于 5 年;少于 5 年的,可选取性质、规模和地理环境最相似的其他地区现有港口项目作为参照。

(2)海难性船舶污染下故发生频率。根据评价对象或项目所在区域历年发生的海难性船舶污染事故进行统计计算,统计时段从评价的前一年开始,原则上应不少于 10 年;少于 10 年的,从建港到评价时的期间应不少于 5 年;少于 5 年的,可选取性质、规模和地理环境最相似的其他地区现有港口项目作为参照。

三、污染量统计与分析

1. 操作性船舶污染事故

(1)评价对象或项目所在区域内历史上发生的最严重操作性船舶污染事故

的泄漏量和污染后果。

（2）评价对象或项目所在区域内历史上发生频率最高的操作性船舶污染事故的泄漏量区间、平均泄漏量和污染后果。

（3）统计操作性船舶污染事故的泄漏量区间及其相对应的发生频率,用于分析操作性船舶污染事故的风险矩阵。

2. 海难性船舶污染事故

（1）评价对象或项目所在区域内历史上发生的最严重海难性船舶污染事故中污染物（油类污染物分为货油和船用燃油分别统计,其他污染危害性货物单独统计）的泄漏量和污染后果。历史上最严重的海难性船舶污染事故的泄漏量可用于与最坏情况下的事故比对,通过比对来分析最坏情况下的事故的可信度。

（2）评价对象或项目所在区域内历史上发生频率最高的海难性船舶污染事故中污染物（油类污染物分为货油和船用燃油分别统计,其他污染危害性货物单独统计）的泄漏量区间和平均泄漏量。海难性船舶污染事故的泄漏量区间及其相对应的发生频率,用于分析海难性船舶污染事故的风险矩阵。

四、事故多发区

根据评价对象或项目所在区域内历史事故发生地点统计,确定船舶交通事故多发区、操作性船舶污染事故和海难性船舶污染事故的事故多发区。

如果缺乏历史船舶污染事故统计资料,可采用类比法进行分析推定操作性船舶污染事故的事故多发区,根据船舶交通事故多发区分析确定海难性船舶污染事故的事故多发区。

操作性船舶污染事故多发区可作为模拟该类事故中污染物的漂移轨迹的起始点,海难性船舶污染事故多发区可作为模拟该类事故中污染物的漂移轨迹的起始点。

五、事故发生概率预测

1. 船舶交通预测

在预测船舶污染事故发生频率之前,首先要预测船舶交通量。交通量预测可选用以下方法:

方法一:引用评价对象或项目所在区域内现有规划中交通量预测数据。

方法二:收集评价对象或项目所在区域内历年船舶交通量统计数据,计算出年增长率,再以评价当年的船舶交通量为基数,预测评价对象或项目所在区域内近期和远期交通量。

对新建污染危害性货物码头、装卸站进出港船舶数量和吨位分布可根据设计文件中货物年吞吐量和主要船型,对不同吨位船舶艘次进行预测。

标准船舶的分级和换算见表 8.4-1。

表 8.4-1　船舶分级及换算系数表

船舶分级序号	1	2	3	4	5	6
总吨	<100	100~499	500~2 999	3 000~5 999	6 000~9 999	10 000~14 999
船长(m)	<30	30~<50	50~<90	90~<115	115~<135	135~<155
换算系数	0.25	0.5	1	1.18	1.41	1.7
船舶分级序号	7		8	9	10	11
总吨	15 000~19 999		20 000~29 999	30 000~39 999	40 000~59 999	>6 万
船长(m)	155~<170		170~<195	195~<215	215~<246	>246
换算系数	2		2.25	2.5	3	4

2. 事故发生概率预测

风险概率预测采用风险概率指数(P)作为风险评价指标,以表示一定规模的船舶污染事故在某段历史时期内的分布规律情况。它根据对以往统计数字和历史资料的公式计算和量化处理,衡量评估特定区域下的船舶污染事故风险程度。也可以通过与历史统计数据类比得出船舶污染事故概率。

六、事故概率预测方法

1. 类比法 1

以下以船舶溢油事故为例说明类比法的应用。

在对风险概率指数(P)进行计算前,首先引入两个因素指标:货油溢油指数(O)和燃油溢油指数(F)。

对于港口、码头和装卸站,如果仅从事石油装卸和运输作业,则应用货油溢油指数(O)来表征风险概率;对于没有油类装卸和运输的港口、码头和装卸站,则可用燃油溢油指数表征风险概率;对于既有油类作业也有其他货物作业的港口、码头和装卸站则应分别考虑货油溢油指数与燃油溢油指数,两者之和为总的风险概率。

(1)货油溢油指数(O)。首先计算某区域货油溢油量在该区域石油吞吐量的比值,根据计算数据和实际的需要,对该地区的货油溢油事故风险大小划定特定区间范围,并用整数 1~5 表示对应的风险等级,该整数数值即为货油溢油指数(O)。表示如表 8.4-2 所示。

表 8.4-2　货油溢油指数(O)一览表

货油溢油指数(O)	说明	$\sum$ 货油溢油量 ÷ $\sum$ 港口石油吞吐量
1	极小	
2	小	
3	中	
4	大	
5	极大	

注:① $\sum$ 货油溢油量:仅统计因货油泄露造成污染事故的船舶溢油总量。② $\sum$ 港口石油吞吐量(亿吨) = $\sum$ 港口石油货物进出口数。

(2)燃油溢油指数(F)。首先计算某区域燃油溢油事故数在该区域船舶总艘次数中的比值,根据计算数据和实际的需要,对该地区的船舶燃油溢油事故风险大小划定特定区间范围,并用整数 1~5 表示对应的风险等级,该整数数值即为燃油溢油指数(F),见表 8.4-3。

表 8.4-3　燃油溢油指数(F)一览表

燃油溢油指数(F)	说明	$\sum$ 燃油溢油事故数 ÷ $\sum$ 进出船舶艘次
1	极小	
2	小	
3	中	
4	大	
5	极大	

注:① $\sum$ 燃油溢油事故数:仅统计因燃油泄漏造成污染的溢油事故件数。

② $\sum$ 进出船舶艘次:某段时间内进出某港口的船舶艘次总数。

在计算得出该地区的货油溢油指数(O)和燃油溢油指数(F)后,综合考量

两种事故在总溢油事故中的权重,得出风险概率指数(P)计算公式:

$$P = a \times O + b \times F$$

式中,a,b分别为货油溢油事故和燃油溢油事故在溢油事故中的比例权重。

所得到的风险概率指数(P)即为该地区的溢油风险概率等级,并将此作为风险矩阵的纵坐标在矩阵图中予以标识。

2. 类比法2

利用历史数据对船舶交通量的预测数据进行类比分析,预测时应注意:

(1)需要收集的历史数据尽可能多,原则上不少于10年,如数据量太少则没有统计规律。

(2)操作性船舶污染事故和海难性船舶污染事故,货油和燃油,不同规模溢油事故发生概率有很大的不同,应分别预测。

(3)历史数据的类比使用要和交通发展形势综合考虑。一方面,交通管理水平的提高、VTS建设、航道条件的改善,可以有效地降低事故发生概率;另一方面,船舶密度的增加、船舶大型化、20万吨以上大型原油码头的建设,又使大规模溢油事故的风险增大。

(4)可以采用半定量的方法类比预测事故发生概率,预测在某一个时间范围内发生一起事故。

(5)类比数据最好利用评价对象或项目所在区域内的历史数据进行类比。新建码头没有历史统计数据时,也可选择与评价对象的船舶密度、船舶类型、船舶吨位、货物吞吐量、航道、管理等各方面条件比较类似的营运码头历史数据进行类比。

数据分析方法:

(1)收集进出港船舶艘次统计历史数据,找出与评价对象相关的船型和数量最多的船舶吨位区间和最大吨位船舶;

(2)收集船舶交通事故统计历史数据,找出评价对象或项目所在区域占船舶交通事故70%以上的事故原因(如碰撞、搁浅、触礁、触碰等),如果评价船舶发生火灾、爆炸风险,需要统计这两类事故发生次数;

(3)收集船舶污染事故统计历史数据,对不同类型船舶污染事故原因、地点、污染物泄漏量进行分类统计;

(4)计算不同类型船舶、不同规模污染事故(火灾/爆炸/泄漏)次数与进出港船舶艘次关系;

(5)根据事故发生概率预测方法中预测的船舶艘次,综合考虑交通发展因素,对火灾/爆炸事故发生概率和不同类型、不同规模的货油、燃油和有毒有害物质泄漏事故发生概率进行类比预测。

七、污染量预测

1. 最可能发生的操作性船舶污染事故

以下以船舶溢油事故为例说明计算最可能发生的操作性船舶污染事故的泄漏量:

方法一:在有足够的历史数据的情况下,船舶发生操作性船舶污染事故溢油量,参考历史数据进行预测。

方法二:在没有足够的历史数据的情况下,码头装卸油类作业时因操作失误造成的溢油量,可参照《港口码头溢油应急设备配备要求》(JT/T 451—2009)给出的预测方法:1 万吨级以下码头按 5 分钟关闭泵阀或纠正来确定溢油量,1万吨级以上码头按 3 分钟关闭泵阀或纠正来确定溢油量。

表 8.4-4 不同船舶吨级对应的货油泵参数 单位:m/h

船舶吨级	1 000 吨级	5 000 吨级	1 万 吨级	5 万 吨级	10 万 吨级	15 万 吨级	25 万 吨级	30 万 吨级
货油泵参数	200	250	500	1 200	2 500	3 500	4 500	5 000

表 8.4-5 不同码头吨级对应的溢油量 单位:t

油码头分类	1 000 吨级	5 000 吨级	1 万 吨级	5 万 吨级	10 万 吨级	15 万 吨级	25 万 吨级	30 万 吨级
溢油量	17	21	42	60	125	175	225	261

应当根据港口建设项目的实际情况选用上述方法,在有足够数据的支持情况下,分别按照上述方法计算,并进行比对分析。

最可能发生的操作性船舶污染事故泄漏量是决定评价对象采取日常防备措施的依据之一。

2. 最可能发生的海难性船舶污染事故

(1)货油泄漏。根据评价对象运输船舶的主要船型、吨位和实载率,分别预测最可能发生事故的溢油量、最大溢油量和最坏情况下的溢油量。

(2)燃油泄漏。根据评价对象运输船舶的主要船型、吨位、航线,及燃油舱布置,分别预测主要船型装载燃油数量,再预测最可能发生事故的溢油量、最大溢油量和最坏情况下的溢油量。

八、污染量预测方法

1. 方法一

该方法适用于区域评价时,对区域各类进出港船舶发生海难性船舶污染事故时的溢油量进行预测。

海难性船舶污染事故船舶溢油量,可根据运输船舶的主要船型、吨位和实载率进行预测。

(1)货油载油量＝油轮载重吨×实载率

油轮货油实载率可参考油码头设计文件,一般在85%～95%之间。

(2)燃油载油量＝燃油舱最大载油量×实载率

非油轮船舶燃油最大携带量也可用船舶总吨推算,根据船型的不同,一般取船舶总吨的8%～12%。

燃油实载率主要与航线有关,需通过调查得到。

(3)收集评价对象或项目所在区域进出港船舶分船种分吨级统计资料,根据风险评价的需要,分别统计出原油船、成品油船、其他污染危害性货物船和非油轮船舶的主力船型。

(4)根据主力船型的载油量,按一个左右油舱或燃油舱的油全漏完预测最可能发生的海难性船舶污染事故的溢油量。

(5)根据最大船型的载油量,按一个左右油舱或燃油舱的油全漏完预测最可能发生的海难性船舶污染事故的最大溢油量;

(6)根据最大船型的载油量,按所载货油或燃油全部漏完预测最坏情况下的溢油量。

2. 方法二

在无法获得足够的历史船舶污染事故数据的情况下,或者需要对按照方法一计算出的结果进行校正时,可按照下述方法预测事故的溢油量。

以油轮为例:

(1)最可能发生的操作性船舶污染事故的溢油量:10吨,或船舶在装卸作业过程中所装货油数量的1%,取二者中较小值。

(2)最可能发生的海难性船舶污染事故的溢油量:365吨,或载货容量的10%,取二者中较小值。

（3）最坏情况下的事故的溢油量：船舶在恶劣的天气条件下，所有货油溢出的最大溢油量。

非油轮可按照上述方法计算其所载的燃油的溢油量。

该方法适用于区域评价时，对区域各类进出港船舶发生海难性事故时的溢油量进行预测。

3. 双壳油轮溢油量预测

根据美国国家科学院交通研究委员会的研究，对 4 万～15 万载重吨的双壳油轮而言，较相同吨位的单壳油船在相同的情况下溢油量将会减少 54%～67%。

第五节　风险影响预测

一、污染物在水中的扩散

1. 预测参数

（1）事故地点。对于海难性船舶污染事故和操作性船舶污染事故，应当根据对评价对象或项目所在区域事故统计与分析结果，分别选择事故多发区作为预测模拟的事故地点。

（2）风向风速。气象资料应统计评价对象或项目所在区域最近 10 年以上的历史数据，并给出风玫瑰图，分析评价对象或项目所在区域的主导风向、风速，冬季和夏季的主导风向、风速。

其中一级评价风险影响预测需要至少统计近 3 年每天逐时的风向和风速数据。

二级评价风险影响预测需分别统计分析评价对象或项目所在区域冬季和夏季主导风向，以及对主要敏感目标最不利的风向，风速为相应的年平均风速。

（3）潮流。应分别选择涨潮、落潮两种情景。

近岸海域、海湾、河口、海港、河港等的流场计算模拟可分别参照《海洋工程环境影响评价技术导则》（GB/T 19485—2004）中的相关内容。

2. 预测方法

当风险评价等级确定为一级时，应采用随机模拟统计法预测分析溢油或泄漏的有毒有害物质在水面上和水体中的可能扩散范围和危害程度。对每个泄漏地点进行多次随机情景组合(应不少于 300 次)的漂移扩散轨迹模拟,每次事故情景发生时间不确定,随机选取过去几年(应不少于 3 年)的任一时刻,风向、风速为历史监测数据,流场数据取自海洋动力模拟结果。每一次事故模拟均计算并记录各个网格的污染物漂移经过时间、油膜厚度、污染物浓度等数据,最后进行统计,得到对附近区域,特别是对敏感目标的污染概率、最快影响时间、油膜厚度、污染物浓度、持续影响时间等污染程度信息。

当风险评价等级确定为二级时,可采用典型情景模拟法预测分析溢油或泄漏的有毒有害物质在水面上和水体中的扩散范围和危害程度。典型海上和河道的污染事故情景参数如表 8.5-1 所列。

表 8.5-1 典型污染事故情景模拟参数

泄露位置	泄露规模	污染物种类	典型风向	风速	潮型/河道径流
事故多发地点	最可能发生的操作性事故的污染物泄漏量	选择主要装卸、过驳作业的危害性货种	冬季主导风	冬季主导风平均风速	涨潮/丰水期
					落潮/平水期
			夏季主导风	夏季主导风平均风速	涨潮/丰水期
					落潮/平水期
	最可能发生的海难性事故的污染物泄漏量	选择主要装卸、过驳作业的危害性货种	不利风向	年平均风速	涨潮/丰水期
					落潮/平水期

二、溢油预测模型

溢油进入水体后发生扩展、漂移、扩散等油膜组分保持恒定的输移过程和蒸发、溶解、乳化等油膜组分发生变化的风化过程,在溢油的输移过程和风化过程中还伴随着水体、油膜和大气三相间的热量迁移过程,而黏度、表面张力等油膜属性也随着油膜组分和温度的变化不断发生变化。本工程二维溢油模型拟采用的是国际上广泛应用的"油粒子"模型,该模型可以很好地模拟上述物理化学过程,另外,"油粒子"模型是基于拉格朗日体系具有高稳定性和高效率的特点。"油粒子"模型就是把溢油离散为大量的油粒子,每个油粒子代表一定的油量,油膜就是由这些大量的油粒子所组成的"云团"。首先计算各个油粒子的位置变化、组分变化、含水率变化,然后统计各网格上的油粒子数和各组分含量可以模拟出油膜的浓度时空分布和组分变化。

1. 输移过程

油粒子的输移包括了扩展、漂移、扩散等过程,这些过程是油粒子位置发生变化的主要原因,而油粒子的组分在这些过程中不发生变化。

(1)扩展运动:

采用修正的 Fay 重力-黏力公式计算油膜扩展:

$$\left(\frac{\mathrm{d}S}{\mathrm{d}t}\right)=KS^{1/3}\left(\frac{V}{S}\right)^{4/3} \tag{8.5.1}$$

式中,S 为油膜面积,$S=\pi R^2$,R 为油膜半径;K 为系数;t 为时间;V 为油膜体积,$V=\pi R^2 h_s$,初始油膜厚度 $h_s=10$ cm。

(2)漂移运动:

油粒子漂移的作用力是水流和风拽力,油粒子总漂移速度由以下权重公式计算:

$$U=C_w(z)U_w+U_s \tag{8.5.2}$$

式中,U_w 为水面以上 10 m 处风速;U_s 为表面流速;C_w 为风漂移系数。

(3)紊动扩散:

假定水平扩散各向同性,一个时间步长内 α 方向上的可能扩散距离 S_α 可表示为

$$S_\alpha=[R]_{-1}^1 \cdot \sqrt{6 \cdot D_\alpha \cdot \Delta t_p} \tag{8.5.3}$$

式中,$[R]_{-1}^1$ 为 -1 到 1 的随机数,D_α 为 α 方向上的扩散系数。

2. 风化过程

油粒子的风化包括蒸发、溶解和形成乳化物等过程,在这些过程中油粒子的组成发生改变,但油粒子水平位置没有变化。

(1)蒸发:

油膜蒸发受油分、气温和水温、溢油面积、风速、太阳辐射和油膜厚度等因素的影响。蒸发率可由下式表示:

$$N_i^e=\kappa_{ei} \cdot P_i/RT \cdot \frac{M_i}{\rho_i} \cdot X \tag{8.5.4}$$

式中,N 为蒸发率;κ_e 为物质输移系数;P 为蒸气压;R 为气体常数;T 为温度;M 为分子量;ρ 为油组分的密度;i 为各种油组分。

(2)乳化:

1)形成水包油乳化物过程。油向水体中的运动机理包括溶解、扩散、沉淀等。扩散是溢油发生后最初几星期内最重要的过程。扩散是一种机械过程,水

流的紊动能量将油膜撕裂成油滴,形成水包油的乳化。这些乳化物可以被表面活性剂稳定,防止油滴返回到油膜。在恶劣天气状况下最主要的扩散作用力是波浪破碎,而在平静的天气状况下最主要的扩散作应力是油膜的伸展压缩运动。从油膜扩散到水体中的油分损失量由下式计算:

$$D = D_a \cdot D_b \tag{8.5.5}$$

式中,D_a 为进入到水体的分量;D_b 为进入水体后没有返回的分量。

油滴返回油膜的速率为:

$$\frac{\mathrm{d}V}{\mathrm{d}t} = D_a \cdot (1 - D_b) \tag{8.5.6}$$

2)形成油包水乳化物过程。

油中含水率变化可由下面的平衡方程表示:

$$\frac{\mathrm{d}y_w}{\mathrm{d}t} = R_1 - R_2 \tag{8.5.7}$$

式中,y_w 为含水率,R_1 和 R_2 分别为水的吸收速率和释出速率。

(3)溶解:

溶解率用下式表示:

$$\frac{\mathrm{d}Vi}{\mathrm{d}t} = K_i \cdot C_i \cdot X_i \cdot \frac{M_i}{\rho_i} \cdot S \tag{8.5.8}$$

式中,C_i 为组分 i 的溶解度;X_i 为组分 i 的摩尔分数;M_i 为组分 i 的摩尔重量;K_i 为溶解传质系数;V_i 为油膜体积;ρ_i 为油组分密度;S 为油膜面积。

三、溢油预测(举例)

1. 预测模式中有关参数的设定

(1)事故源强。突发性燃料油泄漏事故的泄漏量与船舶吨位、结构、气象条件、船只应急反应素质等有关,其泄漏量的确定较为困难。估计确定泄漏量(300 t)作为本事故风险评价的事故源强。

(2)溢油位置。根据工程实际情况与溢油事故概率分析计算,选择港池前沿与航道连接处作为溢油位置(图 8.5-1)

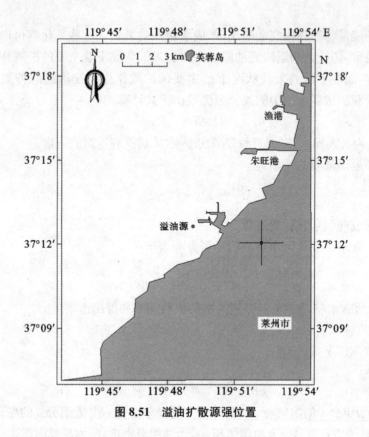

图 8.51 溢油扩散源强位置

(3)溢油方式。点源连续排放,溢油持续时间为 1.5 h。

(4)风、潮组合条件。风是溢油运动的主要动力之一,风应力直接驱动油膜,同时风生海流带动油膜漂移,此外,海面风的不均匀性是造成油膜剪切扩散和破碎的因素之一。海面风产生的波浪扰动是溢油乳化的主要控制因素,而海面风的脉动和波浪的联合作用,使油粒子的运动具有明显的湍流特征。

本报告采用海面溢油的预测模式,根据莱州站和土山站 1954—1980 年资料统计,本区累年平均风速为 5.2 m/s,最大风速为 23 m/s,本地冬季盛行偏北大风,常风向为 NNE,平均风速为 6.4 m/s;夏季盛行偏南风,常风向为 S—SSE,平均风速为 5.3 m/s;NNE 和 NE 为强风向,W 和 NNW 为次强风向。预测时,海面风场采用主导风向 SSE、NNE,同时为考虑纯潮流的作用以及恶劣风况的影响,预测时考虑了无风以及不利风向大风的情况,共计风况包括 SSE、NNE、无风及 NNE、NE 不利大风五种可能,见表 8.5-2。

表 8.5-2 溢油风潮组合工况

位置	溢油时刻潮况	风况	风速(m/s)	溢油量(t)
港池前沿与航道连接处	高潮	无风	0	300
		NNE	6.4	
		SSE	5.3	
		NNE 六级风	12	
		NE 六级风	12	
	低潮	无风	0	300
		NNE	6.4	
		SSE	5.3	
		NNE 六级风	12	
		NE 六级风	12	

2. 油膜运动轨迹分析

溢油计算的初始位置按照设定的溢油事故的位置输入程序。计算了溢油漂移路径和扩散范围,残油量等溢油信息,为制定海上溢油应急计划提供科学依据。

海上溢油发生后,会启动溢油应急计划,对海面溢油进行拦截,本书的计算针对没有采取溢油应急措施的情况进行预测,实际发生溢油的扩散范围会大大小于预测的结果,因此,本数值计算结果为保守结果。

(1)无风情况。高潮时刻溢油,此时刻开始落潮,6 h 后油粒子到达渔港口门前方并未进入渔港内部,12 h 后有少量油进入新建港池内部,在潮流作用下做往复运动,粒子的主体运动方向为 NNE—SSW,同时受拉格朗日余流作用,在 SSW 方向产生净位移。低潮时刻溢油,此时刻开始涨潮,油粒子在开始溢油时就进入新建港池内部,整体是在围绕新建码头泊位做往复运动。无风情况下溢油漂移 24 h 轨迹见图 8.5-2。

(2)SSE 常风情况。高潮时刻溢油,油粒子漂移的主要方向为 NW,并伴随着 SW—NE 方向的振荡运动,在 NW 方向产生净位移,在风的作用下远离港口。低潮时刻溢油,油粒子先进入港池内部,而后有从港池内部环流绕出,主体运动方向为 NNW,油粒子远离港口附近。SSE 常风情况下溢油漂移 24 h 轨迹见图 8.5-3。

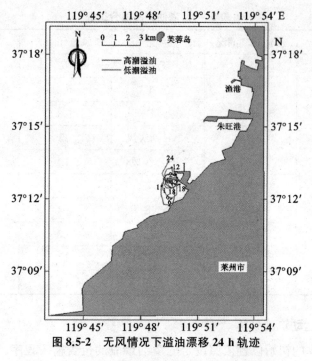

图 8.5-2 无风情况下溢油漂移 24 h 轨迹

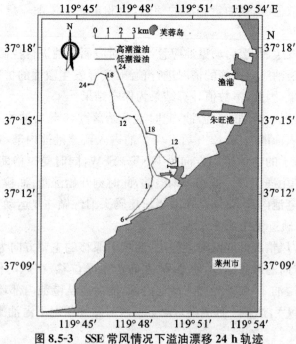

图 8.5-3 SSE 常风情况下溢油漂移 24 h 轨迹

不同风、潮组合情况下油粒子抵岸时间见表 8.5-3。

表 8.5-3 溢油抵岸时间

位置	溢油时刻潮况	风况	溢油抵达岸边时间(h)
港池前沿与航道连接处	高潮	无风	11
		NNE 常风	12
		SSE 常风	不抵岸
		NNE 六级风	10
		NE 六级风	10
	低潮	无风	4
		NNE 常风	4
		SSE 常风	不抵岸
		NNE 六级风	4
		NE 六级风	4

2. 溢油扩散、扫海面积及其残油量分析

在溢油漂移过程中,溢油的扩散面积及残油量随时间而变化。事故发生后,油膜除随风和潮流共同作用而漂移外,还在自身重力、惯性力、黏性力和表面张力的作用下扩展。海面上油膜面积不断扩大,且在风和潮流的合成方向上被拉长。当溢油抵岸或流出计算域时,计算终止。

海上的溢油在运动的同时还进行着蒸发、溶解、乳化、沉降以及浮油和海岸的相互作用等过程,溢油的总量、组成、性质均发生着变化。其中蒸发是溢油质量传输过程的主要部分,蒸发损失有的可达溢油总量的一半以上。蒸发与油膜的性质、扩散面积有关,也跟风速、海况、海-气温差以及太阳辐射强度有关。结合油品性质、风况以及溢油的扩散面积计算溢油的残油量。

溢油事故发生后,油膜在风和潮流往复涨落的共同作用下运动,当风向与潮流方向一致时,油膜中心运动速度较大,可以看到油膜中心点间距较大,而当风向与潮流方向相反时,油膜运动方向甚至会与潮流方向相反。在海区潮流性质固定的前提下,风向风速的变化对于溢油漂移扩散结果起决定性的作用,体现在模拟结果中就是不同的风向直接导致溢油漂移方向不同,甚至决定了溢油是否抵岸。

表 8.5-4　各种风潮组合下溢油不同时间油膜面积及残油量统计

风况	溢油时间	风速（m/s）	高潮溢油		低潮溢油	
			扩散面积（km²）	残油量（t）	扩散面积（km²）	残油量（t）
无风	6	0	0.901	263.14	1.85	271.63
	12		1.72	231.52	3.01	238.40
	18		2.05	218.79	3.16	224.32
	24		2.08	197.68	4.11	213.60
NNE	6	6.4	0.16	258.70	1.21	267.30
	12		0.10	236.87	0.43	232.10
	18		1.1	215.60	0.53	221.17
	24		0.50	189.58	0.91	207.66
SSE	6	5.3	0.76	260.02	2.54	252.37
	12		0.71	234.33	2.78	228.93
	18		0.87	210.59	3.14	209.52
	24		1.35	190.25	3.51	182.55
NE 强风	6	12	0.09	272.11	0.86	278.56
	12		0.2	253.33	0.43	257.22
	18		0.96	237.22	0.40	246.45
	24		0.73	224.87	0.32	226.97
NNE 强风	6	12	0.09	272.21	0.87	270.32
	12		0.20	248.39	0.52	243.53
	18		0.95	228.59	0.52	226.99
	24		0.72	203.96	0.32	216.61

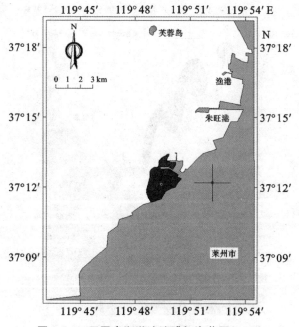

图 8.5-4　无风高潮溢油油膜扫海范围(24 h)

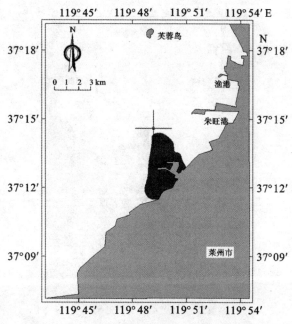

图 8.5-5　无风低潮溢油油膜扫海范围(24 h)

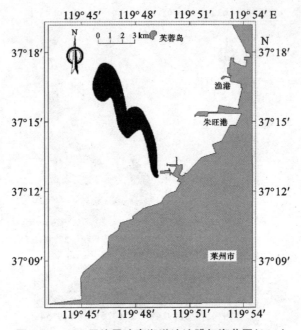

图 8.5-6 SSE 平均风速高潮溢油油膜扫海范围(24 h)

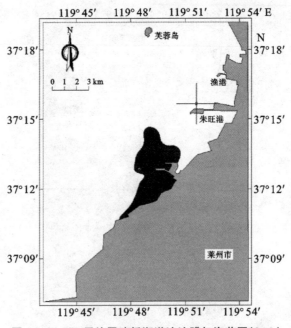

图 8.5-7 SSE 平均风速低潮溢油油膜扫海范围(24 h)

第六节 降低风险对策

根据风险识别、环境风险评价和现有应急能力的评价结论,提出应急防备的措施对策,以及应急防备总目标,结合现有综合应急防备能力,提出拟增加的应急防备建设需求,从而达到减轻事故后果的目的。

一、应急防备目标的确定

确定区域性的应急防备总目标应当以预测的最可能发生的海难性船舶污染事故的泄漏量及其危害后果为准。表8.7-1仅以泄漏量为标准列出评价对象一次性应对事故的规模的应急防备目标和建设需求,在提出防备需求时,还应当结合当地的实际情况,尤其是环境特点来确定防备建设需求。

表 8.7-1 应急防备目标

单位:t

一次性应对的 事故规模	自身应急能力	评价对象或项目 所在区域可协调的能力	应急防备建设需求

注:一次性应对的事故规模以最可能发生的海难性事故的泄漏量为准。

要根据区域性防治船舶及其有关作业活动污染海洋环境应急能力建设规划或当地政府船舶污染应急预案所确定的划分比例或范围,合理确定单个评价对象应当承担的应急能力要求。

在区域性防治船舶及其有关作业活动污染海洋环境应急能力建设规划或当地政府船舶污染应急预案尚未出台或未明确划分国家、当地政府和社会应当承担的应急能力比例或范围的情况下,应当对风险情况合理确定比例。

在确定拟增加的应急防备建设需求时,应当将现有综合应急能力纳入其中一并考虑,但不宜作简单的加减。

二、应急防备建设需求

1. 基本要求

根据确定的应急防备总目标和对现有应急能力评估,提出应急防备建设需求方案。

制订应急防备建设需求方案时应充分考虑资源整合以及不同层面不同等级的应急预案所应达到应急防备目标。其中,应急反应时间和设备库的布点应充分考虑敏感优先保护目标分布、污染扩散预测得出的污染物最快抵达时间、最可能污染的区域范围和污染强度等因素。

应急设备配备可分别作出近期方案和远期方案,设备选型要根据评价对象或项目所在区域内水文气象条件、泄漏污染物种类和数量、应急预案中采取的清污方法、对环境保护目标的保护措施,以及配套的应急处置船的条件等方面统筹考虑。

如果评价对象或项目所在区域内若干码头属于同一个港务集团公司,可考虑公司集中建设港口级设备库。同一海域有多个污染危害性货物装卸码头时,也可以按照风险大小共同集资建设。为此,鼓励在开展风险评价时,将多个相邻的污染危害性货物码头作为一个区域根据本规范开展风险评价工作。

2. 举例

为了满足港口码头发生溢油事故情况下处置要求,本工程应按照《港口码头溢油设备配备要求》(JT/T 451—2009)的相关规定,配置相关应急设备。

表 8.7-2　本工程溢油应急设备配备表

设备名称		靠泊能力
		10 000 吨级～50 000 吨级(含)
围油栏	应急型	不低于最大设计船型的 3 倍设计船长
收油机	总能力(m³/h)	3
油拖网	数量(套)	1
吸油材料	数量(t)	0.5
溢油分散剂	浓缩型,数量(t)	0.4
溢油分散剂喷洒装置	数量(套)	1
储存装置	有效容积(m³)	3
围油栏布放艇	数量(艘)	1
浮油回收船*	回收舱容(m³)	60
	收油能力(m³/h)	30
注:除从事船舶修造、拆解的单位外,其余单位不用配备标注"*"号的设备。		

三、应急队伍建设

港口、码头等企业单位除建立自身应急队伍外，还可充分利用当地船舶污染清除单位的力量。船舶污染清除单位必须满足《中华人民共和国防治船舶污染海洋环境管理条例》第三十四条的规定，并取得当地海事部门的资质许可。

专职和兼职的应急作业人员都应该通过海事管理机构组织的培训、考试和评估，定期组织演练和演习，能够熟练掌握设备的使用方法，具备溢油应急的知识和指挥管理技能。

四、应急预案制订

评价对象或项目所在区域的港口、码头及有关作业单位应当依据交通运输部海事局颁发的《港口溢油应急计划编制指南》编制港口码头船舶溢油应急预案，报海事管理机构备案。区域性船舶污染应急预案应当按照报备或者批准实施。

五、运作管理机制

根据评价对象的实际情况，因地制宜地建立有效的运作机制，以保证所有的应急船舶、设施、设备和器材处于良好的随时可运行的状态。

第九章 环境保护措施

第一节 环境保护对策措施一般要求

一、总体要求

港口航道与海岸工程建设项目的环境保护对策措施,应具有针对性、有效性和技术经济可行性,应满足环境保护目标的环境质量控制要求,应满足环境质量跟踪监测和环境监督管理的要求。

针对建设项目的环境影响(包括污染与非污染环境影响)特点和环境影响分析评价结果,应详细给出建设项目各阶段的环境保护对策及措施,并符合下列要求:

(1)根据项目污染与非污染的环境特征,提出项目建设阶段、运营阶段等阶段的污染与非污染环境保护对策、措施;

(2)提出的环境保护对策措施,污染物处置措施,环境保护、恢复、替代或补偿方案等,应具有针对性和有效性;

(3)提出的污染防治对策措施等应满足环境质量控制目标和相关环境保护政策的要求;

(4)提出的环境保护对策、措施,应具备技术可行性、经济合理性,并可作为环境监督管理的依据。

二、污染防治对策措施

1.建设阶段的对策措施

建设阶段污染物预防、控制和治理对策措施应考虑以下原则和要求:

(1)应明确和给出有效预防、控制工程产生的悬浮物、污废水、固体废弃物等的对策措施;

(2)应明确和提出施工污废水、施工垃圾、生活污水、生活垃圾等污染物的有效处置措施;

(3)应依据工程所在海域的环境特征,提出最佳的排污方式、地点和时段的对策措施;应编制建设项目的施工工艺与主要设施设备控制一览表,阐明监管要求。

2. 运营阶段环境保护对策措施

运营阶段水质环境、沉积物环境的环境保护对策措施应考虑以下原则和要求:

(1)应针对运营阶段各个产污环节、各类污染物特征,明确和给出有效的污染物处置对策措施;

(2)在实行污染物排放总量控制的区域和海域,应明确和给出污染物排放总量控制的要求、总量控制建议值、污染物总量削减对策措施;

(3)应依据工程所在海域的环境特征,提出最佳的污染物排放方式、排放位置和排放时段的对策措施;

(4)在满足海域环境质量保护目标要求的前提下,应阐明合理的排污混合区位置和范围,明确提出有针对性的防控对策措施;

(5)应依据环境风险的预测结果,明确和提出有针对性的、可行的环境风险应急预案和防控对策措施;

(6)应编制建设项目的运营期环境保护对策措施一览表,阐明环保控制节点和监管要求。

三、海洋生态和生物资源保护对策措施

结合工程区域的海洋生态和生物资源特征,根据海洋生态和生物资源现状评价和预测结果,针对海洋生态和生物资源损害的可逆影响、不可逆影响、短期不利影响、长期不利影响、潜在不利影响和复合影响等特征,编制建设项目的生态保护对策措施一览表;针对分析的生物资源损失量和特征,阐明具体修复方案或补偿方案。

四、其他评价内容的环境保护对策措施和建议

港口航道与海岸工程建设项目涉及放射性、电磁辐射、热污染、大气、噪声、固体废弃物、景观、人文遗迹等内容时,按照 HJ/T 2.1、HJ 2.2、HJ/T 2.3、HJ/T 2.4 等技术标准的要求,提出建设项目在建设阶段、生产阶段的污染与非污染环

境保护对策措施和建议。

五、环境保护设施和对策措施及环保竣工验收一览表

应明确列出工程项目的环境保护设施和对策措施及环保竣工验收一览表，作为建设项目环境保护对策措施的主要内容和环境监督管理的重要依据之一。

一览表中应包括环境保护对策措施项目，具体内容(含污染防治的技术指标，技术设备，主要设备的规格、型号、能力，排放量、排放浓度和浓度控制等)，规模及数量，预期效果，实施地点及投入使用时间，责任主体及运行机制等必要的内容。一览表的格式和内容可参照表 9.1-1 的示例。

表 9.1-1　建设项目环境保护设施和对策措施一览表(示例)

内容	环境保护对策措施	具体内容	规模及数量	预期效果	实施地点及投入使用时间	责任主体运行机制
一、污水处理	含油污水处理	隔油池、油水分离器	隔油池 5 m³，油水分离器 1 台，处理能力 1 t/h	处理后排入污水处理系统，处理回用	综合机修间附近，与机修间同步建设	××有限公司负责建设、使用和管理
	矿石污水处理	矿石污水处理站	调节池 1 座 4 000 m³，加药及混凝沉淀设备 1 套，沉淀池 1 座，处理能力 200 m³/h	处理后回用，非正常工况在码头前沿排放入海	堆场附近，与堆场工程同步建设	
	码头面污水收集与处理	污水收集池和配套管道	20 m³ 集水池 1 个，15 m³ 集水池 1 个，污水泵 2 台，DN150 管线 1 000 m	收集码头面初期雨污水，送矿石污水处理站处理	码头及栈桥，与码头工程同步建设	
	生活污水处理	生活污水处理站	格栅井 1 座，SBR 处理设备 1 套，过滤及消毒装置各 1 套，处理能力 40 m³/d	处理后回用，非正常工况在码头前沿排放入海	生产辅助区，与辅助区同步建设	

（续表）

内容	环境保护对策措施	具体内容	规模及数量	预期效果	实施地点及投入使用时间	责任主体运行机制
一、污水处理	船舶污水处理	船压载水接收处理设施	DN400 污水管线 2 500 m,150 m³ 生物灭活缓冲池 1 座,高效压载水生物灭活装置 1 套	收集船舶压载水,送处理设施处理	码头、栈桥及堆场区附近,与码头及堆场工程同步建设	××有限公司负责建设、使用和管理
	……	……	……		……	……
二、环境风险防控	事故应急	应急设施及预案	围油栏 1 000 m,纤维式吸油材料 2 t,消油剂 1 t,消油剂喷洒装置等;环境污染事故应急预案	预防、处理船舶事故性污染	码头区,与码头工程同步建设	××有限公司负责建设、使用和管理
	……	……	……	……	……	……
三、海洋生态和生物资源保护	生态补偿	采用增殖放流方法补偿	需补偿的生物损失量61.71 t	按照相关主管部门的要求,按时完成增殖放流的品种、数量	工程近海域,施工完成后的 2 年内完成	××有限公司负责落实,可委托专业单位完成
四、其他环境保护对策措施	粉尘防治	洒水喷淋设施和管道系统等	喷淋设施 120 套,管网长约 4 000 m,除尘泵房 1 座;水池 2 座，容积共 4 000 m³	增加矿石含湿量,减少起尘	堆场周边区域,同堆场工程同步建设建	××区有限公司负责设、使用和管理
	……	……	……	……	……	……
……	……	……	……	……	……	……

第二节 大气污染防治措施

一、施工期大气污染防治措施

1. 粉尘

工程施工期产生的粉尘主要为土石方回填时施工机械、运输车辆产生的粉尘以及混凝土合成产生的粉尘、扬尘。在整个施工过程中,运输、平整土地、堆积泥土、地面料场风吹雨淋、装卸搅拌等过程都存在扬尘污染,其中最主要的是运输车辆道路扬尘和施工作业扬尘,在干旱的春、冬季节会更加严重。对此,可采取以下防治措施:

(1)对主要运输道路进行硬化处理,保证道路平坦通畅,减少车辆颠簸撒漏物料。运输车进出的主干道应定期洒水清扫,保持车辆出入口路面清洁、湿润,并尽量减缓行驶车速,以减少施工车辆引起的地面扬尘污染。

(2)进出工地的物料、渣土、垃圾运输车辆,尽可能采用密闭车斗,并保证物料不遗撒外漏。若无密闭车斗,物料、垃圾、渣土的装载高度不得超过车辆槽帮上沿,车斗用苫布遮盖严实,车辆按照批准的路线和时间进行物料、渣土、垃圾的运输。

(3)施工中尽量使用商品混凝土,确因某种原因无法使用商品混凝土的工地,应在搅拌装置上安装除尘装置,减少搅拌扬尘。

(4)水泥和其他易飞扬的细颗粒散体材料,应安排在临时仓库内存放或严密遮盖,运输时防止撒漏、飞扬,卸运尽量在仓库内进行并洒水湿润。

(5)施工现场的大门场地和砂石料等零散材料堆场应使地面硬化。经常清理建筑垃圾,可每周整理施工现场一次,以保持场容场貌整洁。

(6)合理设置施工道路,采用永久性道路和临时道路相结合的方式,将工程施工对当地交通运输的影响降到最低,尽量避开每天的交通高峰时间,以免造成车辆拥堵。

(7)开展施工期大气环境监测和环境监理工作。

2. 废气

对于设备管道焊接工艺中出现的烟气污染,由于其污染源分散、污染源强小,一般提出个人防护措施。

针对施工机械发动机排放的废气污染物，制定机械、车辆的维修保养规定。

二、运营期大气污染防治措施

1. 粉尘

煤炭矿石码头营运期间的污染源按起尘特性主要分为两类，一类是堆场表面的静态起尘，其发生量与尘源的表面含水率、地面风速有关；二类是堆、取料等过程的动态起尘，其发生数量与环境风速、装卸高度有关。为将污染控制在最低程度，在各起尘环节提出如下的防尘和除尘措施。

（1）堆场及装卸过程配备洒水车流动洒水抑尘。在铝矾土堆场作业的同时，可以多配置洒水车流动喷洒水抑尘，在保证货物质量的前提下，适当增加洒水强度与频次。

（2）堆、取料作业点抑尘。在卸车处及堆、取料作业点堆场配备 2 辆洒水车进行湿法抑尘，同时在作业时尽量降低卸载的高度，以减少飘尘的发生量，从而减小卸载过程扬起的粉尘对周围大气和海域环境的影响。

（3）堆场处设置水力冲洗装置，定期对该区域进行冲洗。运输车辆进出堆场路口处设置过水路面、配备冲洗装置，以减少路面二次扬尘。配备 1 辆垃圾清扫吸尘车，定期清扫撒落在码头和道路面的铝矾土粉炭，以免在车辆碾压和大风作用下二次扬尘。

（4）选择耗油量低的流动机械设备，流动机械、车辆尾气达标排放。

（5）加强绿化。为减少粉尘的影响，建设单位在工程建设时合理营造防尘绿化林带，在生产区与辅助生产区的道路两侧种植速生高大、在本地区成活率较高的乔木，在绿化布置及树种选择上尽量与环境保护和城市发展规划相结合来考虑，保持与周围环境协调的格局，同时在不影响工艺布置和生产管理情况下，尽量提高绿化系数。

（6）其他措施。在项目营运后，要密切注意天气预报，在大风来到之前，做好堆场的喷淋工作，堆场和道路加大洒水频次；对堆场面撒落的粉尘予以清扫；在大于 6 级风时停止装卸作业，并对堆垛用篷布苫盖。

2. 废气

（1）液体化工品码头。液体化工品仓储工程主要是从储罐、管线的清洁生产和防护措施来说明，包括储罐、管道保温方式，减少船、储罐装卸和储存过程中挥发量的措施，码头软管或装卸臂接卸完成作业后的惰性气体扫线措施，装船、装罐过程中废气排放控制措施，管道在检修和转换物料时的吹扫清洁措施，可燃气体浓度报警措施,仓储区周围防护绿化措施。

为减少装卸船过程中的挥发量,提出码头装卸操作规程要求,保证管道、设备和阀门的工作状况,保证系统安全运行。

液体化工品码头采用装卸臂或金属软管接卸物料,接卸完毕后关闭切断阀,这时在切断阀与装卸臂或金属软管之间的管段仍存有少量残液,残液由码头泵抽吸至切断阀后管线内,然后用氮气吹扫,将管段中的残液扫到相应管线内,这样可杜绝管内剩余物对环境空气的影响。

保持罐体和管道设计规定的温度、压力,避免挥发损失,达到清洁生产的目的。管道检修和转换物料时,按照有关规则进行,扫线后用惰性气体吹扫。

(2)油品码头。针对油品装卸废气,可采取以下措施:

1)输油管线及设备采用高效密封措施,以减少油品的跑、冒、滴、漏及挥发。

2)定期检修或更换密闭装置及密封材料。

3)严格执行装卸船作业的操作规程,加强对输油设施的保养、检修和监控,可有效减少油气耗损。

4)必要处配备接油盘和吸油材料,偶遇滴漏及时清除,以减少气体挥发进入大气的量。

5)为减少装车过程油品损失,可在汽车装车区设置油气回收装置。

第三节 声污染防治措施

一、施工期声环境保护措施

(1)改进施工工艺和方法,防止产生高噪声、高振动。

(2)选取低噪声、低振动的施工机械和运输车辆,加强机械、车辆的维修、保养工作,使其始终保持正常运行。

(3)合理安排工期进度和作业时间,加强对施工场地的监督管理,对高噪声设备应采取相应的限时作业要求(如打桩施工尽量在白天进行)。做好施工机械和运输车辆的调度和交通疏导工作,减少车辆鸣笛,降低交通噪声。

(4)合理安排施工人员的作业时间、作业方式,对距噪声源较近的人员除采取必要的个人防护措施外,还应缩短个人劳动时间,保护施工人员的人身健康。

(5)拟建工程施工噪声应严格按照《建筑施工厂界噪声限值》(GB 12523—2011)进行控制。

二、营运期声环境保护措施

1. 主要污染源

根据装卸、运输工艺,噪声主要来自装卸机械、车辆交通噪声以及船舶噪声。

2. 采取的环保措施和建议

(1)选购低噪声高效率的装卸机械。

(2)高噪声设备采取装消声器,设置专用操作间将其封闭隔离。控制室采用隔音措施,高噪声作业部位采用个人听力保护措施。操作人员应做好个人防护降噪措施。

(3)加强机械和设备的保养维修,保持正常运行、正常运转,降低噪声。

(4)办公楼及辅建区空地加强绿化工作,既可以降低噪声,又起到美化工作环境的作用。

第四节　水污染防治措施

港口航道与海岸工程水污染防治措施主要针对工程施工阶段和生产阶段进行分析评价,对水环境产生不良影响的主要因素:施工期间引起悬浮泥沙,生产期间含油污水的非正常工况下的排海,以及施工人员产生的生活废水。因此,水污染防治措施应在建设期选取先进的施工工艺,营运期采用先进的废水处理及生产工艺,从而确保工程项目废水的达标排放。

一、施工期水污染防治措施

施工期对水环境产生的影响主要为港池疏浚、陆域吹填和水工建筑物基础打桩以及运泥船抛泥等产生的悬浮泥沙对水质的影响,以及施工船舶产生的污水,陆域施工人员产生的生活污水和机械等产生的施工废水。

1. 减少悬浮泥沙污染的对策措施

港口航道与海岸工程大多数项目在建设期间产生较多悬浮泥沙,由此在一定时间内影响一定范围内的海水水质,如开挖工程、吹填工程、疏浚工程等。因此,应采用先进的工程技术和设备,减少悬浮泥沙的产生,从而减少对周围海域的污染。施工作业对水域附近水产养殖区、水生生物敏感区产生的悬浮泥沙增加量不应大于 10 mg/L。

（1）开挖工程。

1）在开挖工程的施工期过程中，施工单位应合理安排施工船舶数量、位置，设计好挖泥进度，采用悬浮物产生量较小的挖泥船作业，尽量减少开挖作业对底质的搅动强变和范围，并且在挖泥船外围采用防污帘防护，有效控制悬浮泥沙产生的污染。

2）选择合理的开挖施工方式，以减少淤泥在水中的流失。如减少挖土方量、控制装舱溢流对海域产生的影响，以减少淤泥散落海中。施工作业人员应尽量缩短挖泥船试喷的时间，并在确认耙子弯管与船体吸泥管口的连接完全对应后开始挖泥作业，以免污泥从连接处泄漏入海而污染海域。

3）施工单位应调整好泥舱溢流口的位置，可使用带有先进的定位系统的挖泥船，采用自动调节溢流口的装置，控制好溢流口的泥浆浓度，减少入海泥浆。此外，在条件允许的情况下，可以增加泥浆旁通装置、水下扩散管装置，或改进溢流口的标高，将溢流口改至水下数米处，使溢流泥浆溢至水底，悬浮物再悬起则比较困难，保持上部水体比较清，缩小混浊水团的影响范围。

4）在施工过程中需加强管理，文明施工，定期对开挖设备进行维修保养，确保设备长期处于正常状态，避免在雨季、台风及天文大潮等不利条件下进行施工，发生故障后应及时予以修复。

（2）疏浚工程。

1）选择环境影响较小的疏浚机械设备。港池疏浚作业船舶、绞吸船进行挖泥和吹填作业，应在其绞刀头部设置防沙盖，以尽量减少挖泥过程中泥沙散落水中。耙吸船挖泥外抛，要采取减少泥沙散落措施，并严格抛到经海洋部门批准的纳泥区。采用抓斗式挖泥船并尽量采用封闭式抓斗挖泥船，以减少悬浮泥沙入海量。

2）疏浚作业的施工作业控制。施工船舶配备有 GPS 定位系统，保证施工船舶应精确定位后再开始挖掘，准确确定开挖的范围、深度，减少疏浚作业中超宽、超深挖泥量，减少悬浮物的产生量。挖泥吹填溢流时，采用上溢流门溢流，减少溢流水中的悬浮物浓度。

3）做好施工设备的日常检查维修工作，重点对吹泥管进行检查，发现泥管胶皮管有破裂应及时修复，杜绝吹泥管沿线大量泥浆泄漏事故。开工前应对所有的施工设备，尤其是泥舱的泥门进行严格检查，发现有可能泄漏污染物（包括船用油和开挖泥沙）的必须先修复后才能施工；在施工过程中应密切注意有无泄漏污染物的现象，如有发现，应立即采取措施。

4）合理安排疏浚作业时间，避开涨急、落急时间作业，可有效减少疏浚引起的悬浮泥沙影响程度和范围。尽量选择在平潮时期进行挖泥,以杜绝松散的泥沙因涨落潮的推动而淤积到设计范围以外的地方。

5)施工期间加强同当地气象预报部门的联系,遇恶劣天气条件,如暴风潮、大风及暴雨,应提前做好施工安全防护工作,避免造成船舶事故,避免事故对水环境造成影响。

6)开展跟踪监测,委托有资质单位在疏浚作业期间进行跟踪监测,主要监测项目为悬浮物,一旦发现港区水域悬浮物浓度增量超出范围,应控制疏浚作业强度,确保港区水域悬浮泥沙增量在规定范围内。

(3)吹填工程。

1)合理设置围堰溢流口位置,根据水动力条件计算,选取吹填作业产生的悬浮物影响范围和程度最小的位置设置溢流口。

2)围堰工程从里向外进行吹填,增加悬浮泥沙沉淀时间,排水口按集水井形式排水口或新式砌筑溢流堰式排水口。一方面可以增高吹填区水位,使吹填土加速沉降,一方面可以过滤吹填土,防止大量吹填土排出吹填区,对水环境造成污染。

3)加强对溢流口悬浮物浓度的监测,若采取以上措施后溢流口悬浮物浓度仍不能控制在一定范围内时,可向泥浆中投加絮凝剂,以提高悬浮物沉降速率,降低溢流口悬浮物浓度。实施陆域吹填时应保持输泥管道接口的严密性,防止泥浆由接口处喷洒。为避免意外的泥浆泄漏入海污染事故,在进行吹填作业中,应定期对排泥管、挖泥船及二者的连接点处进行维修检查,一旦发生管道损坏或连接不善,应立即采取补救措施,以避免意外的泥浆外溢入海污染事故。

4)提高防患意识,重点地段实施加固强化手段,在恶劣天气,如风暴潮、台风及暴雨时,应提前做好安全防护工作,对围堰溢流口等重点地段实施必要的加固强化手段,以保证有足够的强度抵御风浪等的影响,避免发生坍塌导致泥浆外溢的污染泄漏事故。

(4)疏浚物海上倾倒过程中的环保对策。

1)抛泥区设置明显的标志。在疏浚物倾倒过程中为保证施工的安全以及外围航道等其他水域功能区的合理运作,应在工程选定的抛泥区外围设置明显的标志,以利于施工船舶方便地进入倾倒区后实施相应作业,避免产生不必要的污染事故。

2)运泥船到位倾倒。运泥船必须严格按照所划定的倾倒区内进行倾倒作业,杜绝未到达指定区域便实施抛泥现象的发生。实施定点到位作业是保证倾倒区周围水域环境不受较大影响的重要环节,必要时可安排相应人员,配置必要的监测仪器进行监控。

3)确保舱门密闭,严防泥浆泄漏。运泥船在倾倒区抛泥完毕后,应及时关闭舱门,并确定舱门关闭无误后方可返航,否则泥舱关闭不严,在航行沿途中由于泥浆的泄漏入海将会导致污染事故的发生。同时在疏浚物倾倒作业期间,应加强同当地气象预报部门的联系,在恶劣天气条件下,应提前做好防护准备并停止挖泥和倾倒作业。

2. 控制施工船舶(设备)水污染防治对策

(1)作业船只应执行《中华人民共和国防止船舶污染海域条例》和《沿海海域船舶排污设备铅封管理规定》。船舶产生的污水交由有资质单位接收处理,不在项目海域排放。规范船舶污染物处理、船舶废弃物及垃圾处理、船舶清舱和洗舱作业活动,防止船舶操作性污染事故的发生。

(2)船舶要配备适量的化学消油剂、吸油剂等物资,以防不测。防止船舶的溢油事故的发生。一旦发生事故,立即采取措施,收集溢油,缩小溢油的污染范围。

(3)施工船舶、车辆、设备冲洗和维护保养废水主要含有 SS、COD、石油类等水污染物。为防止废水直接入海产生局部水污染问题,含油污水经重力流排入含油污水处理装置处理。分离出的废油统一在污油罐储存,定期外运,含油污水经处理达标后进入生化处理装置,并保证车辆冲洗与保养严格控制在保养场内进行。

3. 减少生产污水与生活污水污染防治对策

(1)施工现场道路保持通畅,排水系统处于良好的使用状态,使施工现场不积水。

(2)施工现场设置泥沙沉淀池,用来处理施工泥浆废水。凡进行现场搅拌作业,必须在搅拌机前台及运输车清洗处设沉淀池,废水经沉淀后由抽水车定期送至污水处理厂或回收用于洒水除尘。

(3)施工现场临时食堂应设置简易有效的隔油池;施工营地建立化粪池,生活污水集中收集经化粪池处理后,能回用的尽量回用,剩余部分达标后排放。加强管理,防止污染。

(4)生活污水主要由厂前区各建筑卫生间、淋浴间及门站区站控楼的卫生间、淋浴间排出,经化粪池处理后,上层清液通过生活污水系统排至污水处理单元,处理后排入污水处理厂。

(5)发生火灾、爆炸事故时,对产生的消防废水进行统一收集处理,达标后排放。

二、营运期水污染防治措施

营运期间的污水主要为来自码头区的生活污水和船舶含油污水。建议采取以下措施降低污染物对海洋环境的影响。

1. 船舶油污水和生活污水处理措施

（1）船舶一般自备船舶生活污水处理设施，船舶航行过程中船舶生活污水由船舶自行处理达到《船舶水污染物排放控制标准》(GB 3552—2018)的要求后排放；船舶在港期间产生的船舶生活污水交由有资质单位的污水接收船接收后统一处理。

（2）根据《73/78 国际防污染公约 MARPOL》和我国防止船舶污染海域的有关管理条例的规定，船舶本身都安装油水分离器，并保证其正常运转，船舶航行过程中船舶产生的船舶底舱含油污水经船舶自备的油水分离器处理达到《船舶水污染物排放控制标准》(GB 3552—2018)的要求后排放；船舶在港期间产生的船舶底舱含油污水交由有资质单位的污水接收船接收后统一处理。

（3）建设单位不对港船舶油污水和生活污水进行接收，不向工程附近海域排放污水。

2. 陆域生活污水处理措施

对能回收利用的生活污水和生产废水，经化粪池处理后，集中排至污水处理单位进行处置，尽可能做到回收利用，剩余部分处理达标后再排放。

3. 流动机械及车辆冲洗废水

流动机械及车辆冲洗废水主要污染因子为石油类，经沉淀池沉淀、油水分离器处理后进排入污水管道由污水处理厂进行处理。

4. 煤污水和矿石污水

煤炭、矿石码头含煤、矿污水应进行收集和处理，处理后的污水可用于堆场或带式输送机喷淋。码头面污水可纳入后方污水处理站处理，码头与后方相距较远时污水可单独处理。

5. LNG 冷却水

对于 LNG 码头，营运期间加强对冷排水的温度监测，以及对余氯的浓度监测，以便控制温降和余氯的排放浓度。对冷排水进行降温后再排海。排放标准依据当地污水排放标准。

6. 油品洗罐水

洗罐工作统一委托专业洗罐公司进行操作,洗罐水外运,不在港区内处理。

第五节 固体废物污染防治措施

港口航道与海岸工程项目要求一切塑料制品(包括但不限于合成缆绳、合成渔网和塑料袋等)和其他废弃物(包括残油、废油、含油垃圾及其残液残渣等),禁止排放或弃置入海,应集中储存在专门容器中,运回陆地处理。

一、固体废物分类处置措施

固体废物按《国家危险废物名录》分为危险废物和其他废物,建立相应的管理体系和管理制度,对固体废物实行全过程管理,根据《中华人民共和国固体废物污染环境防治法》进行分别管理,明确各类废物的处置制度,保证危险废物的安全监控,防止污染事故的发生。

二、施工期固体废弃物污染防治措施

1. 建筑垃圾

强化施工期的环境管理,倡导文明施工。施工期间产生的建筑垃圾不得随意堆放和抛弃,应定点堆放收集、及时清运。禁止向周边海域随意倾倒垃圾和弃土、弃渣。

陆域施工产生的建筑垃圾,施工单位和业主应采取有效措施,建议首先考虑回收利用,如果无法利用的,要及时清理,严禁随意丢弃、堆放。项目施工过程中应在施工场地附近设置固体废物临时堆放场地,固体废物堆放场地周围应设围挡和沉砂池,并对施工期场地建材等固体废物采取掩盖措施,避免施工过程中临时堆放的固体废物对周围环境产生明显的影响。

建设工程竣工后,施工单位应及时将工地的剩余建筑垃圾等处理干净,建设单位应负责督促。

2. 生活垃圾废弃物

施工期在人员生活驻地附近设置垃圾临时堆放点,应设专职保洁员对生活垃圾采取分类管理,防止雨水将垃圾冲刷入海,及时清运并定期对保洁容器进行清洗消毒。厨余和食物残渣等可为农家肥再利用,施工区和生活区配备临时化粪池,粪便经化粪池处理后,残渣回收农用。

3. 施工船舶垃圾

施工船舶垃圾及机械保养产生的固体废弃物不得随意倾入海域,应统一收集处理。施工船舶垃圾可由专门的海上垃圾处理船接收运至岸上处理。

4. 疏浚底泥

疏浚底泥前期是港池、航道开挖出的底泥,后期是维护性的疏浚底泥。其中4～5年一次的维护性疏浚,产生的疏浚泥,在指定地点抛泥。具体实施策略如下:

(1)划定的抛泥区倾倒。施工所挖泥沙应送至政府有关主管部门划定的抛泥区倾倒,在项目施工前须办理相关手续,并对海抛的环境影响进行分析。

(2)抛泥区设置明显的标志。在疏浚物倾倒过程中为保证施工的安全,以及外围航道等其他水域功能区的合理运作,应在该工程选定的抛泥区外围设置明显的标志,以利于施工船舶方便地进入倾倒区后实施相应作业,避免产生不必要的污染事故。

(3)运泥船到位倾倒。运泥船必须严格按照所划定的倾倒区内进行倾倒作业,杜绝未到达指定区域便实施抛泥现象的发生。实施定点到位作业是保证倾倒区周围水域环境不受较大影响的重要环节,必要时可安排相应人员,配置必要的监测仪器进行监控。在运泥途中应加强观察、控制航速,防止船运泥沙外溢现象发生,减少对海水水质、海洋生态造成严重的影响。

(4)确保舱门密闭,严防泥浆泄漏。运泥船在倾倒区抛泥完毕后,应及时关闭舱门,并确定舱门关闭无误后方可返航,否则,在航行沿途中由于泥浆泄漏入海将会导致污染事故的发生。同时在疏浚物倾倒作业期间,应加强同当地气象预报部门的联系,在恶劣天气条件下,应提前做好防护准备并停止挖泥和倾倒作业。

二、营运期固体废弃物污染防治措施

营运期间的固体废弃物污染源主要为来自码头的生活垃圾和船舶垃圾,以及废水处理产生的废油和淤泥。建议采取以下措施降低污染物对海洋环境的影响。

1. 船舶垃圾

在港船舶应严格执行国家《船舶水污染物排放控制标准》(GB 3552—2018)和《73/78 国际防止船舶污染海洋公约》附则Ⅴ的规定,禁止在港区附近水域内排放垃圾。工程建成后,来自疫区的船舶垃圾必须由卫生检疫部门处理,其他船舶垃圾交由资质单位接收后统一处置。

2. 生活垃圾

在场区及码头区配置一定数量的垃圾桶,对生活垃圾中进行集中收集,能回收利用的进行分类回收,不能回收的固体废物分拣后定期清运到垃圾处理厂作无害化或填埋处理。

3. 机修棉纱

修理过程中产生含油废棉纱,根据 2016 年版《国家危险废物名录》,对含油废棉纱进行了豁免,可不按照危险废物管理,与生活垃圾一起进行处理。

4. 废水处理产生的废油和淤泥

经收集后送至环卫部门进行处理。

5. 危险废弃物

项目运营后如产生属于《危险废物名录》管理中的固体废弃物,应通过当地危险废物管理中心进行最终处置。

油码头营运期产生的危险废物包括污水处理厂污泥、清罐泥沙、泵房产生的废油渣、漏油等情况下产生的吸油毡以及油气回收装置的废活性炭。维护保养机械等产生的沾油棉纱和抹布属于危险废物豁免管理清单之列,不按危险废物管理。清罐泥沙和废活性炭交由专业公司处理。其他危险废物暂存于危废暂存罐,定期交由有资质的公司处理。维护保养机械等产生的沾油棉纱和抹布混入生活垃圾进行处理。

第六节 生态环境保护措施

一、基本原则

1. 对生态系统加以整体性保护

整体性是生态系统最重要的基本原理,保护中要特别予以重视,自然生态系统有其自身整体运动规律,切忌人为切割。生态系统的功能以完整的结构和良好的运行为基础,功能寓于结构,体现在运行过程中,是系统结构特点和质量的外在体现,高效的功能取决于稳定的结构和连续不断的运行过程。

生态系统结构的完整性保护包括分布地域的连续性和物种的多样性两个方面。分布地域的连续性是生态系统存在和长久维持的重要条件,岛屿和半封闭海湾的生态系统是不稳定和脆弱的,分别受到海洋和陆地的阻隔作用,与外界缺乏物质和遗传信息的交流,对干扰的抗性低,受影响后恢复能力差,通常受到人类活动的强烈影响。

物种的多样性是构成生态系统多样性的基础,也是使生态系统趋于稳定的重要因素。在生态系统中,每一个物种的灭绝就如同飞机损失了一个铆钉,虽然一个物种的损失可能微不足道,但却增加了其余物种灭绝的危险。当物种损失到一定程度时,生态系统就会彻底被破坏。

2. 在注意普遍问题的同时关注特殊问题

我国各地都有不同的保护目标和保护对象,因而在注意普遍性问题时,应对特殊性问题给予特别的关注。海洋生物群落和生态系统多样性的保护重点如下:①近海生物群落:主要包括由潮间带至大陆架边缘内侧、水体和海底部的所有生物。②大洋生物群落:包括大陆架边缘外侧直到深海的整个海域内的海洋生物。③河口生物群落:河口是地球两大水域生态系统间的交替区,不同的河口类型以所处地域、气候或底质差异的影响,使河口区环境复杂且有很大波动。河口区生物群落的物种组成主要来自三个方面:大量的海洋入侵种类、数量极少的淡水径流移入种类、已适应于河口环境的半咸水性特有种。④红树林生物群落:分布于热带、亚热带的遮蔽或者与风相平行的淤泥沉积且呈酸性的岸带,在河口三角洲较多。⑤珊瑚礁生物群落:广泛分布于温暖或热带浅海中。⑥海草床生物群落:广泛分布于河口海湾,具有重要的生态服务功能。⑦热泉生物群落:硫化细菌非常丰富,能以化学合成作用进行有机物的初级增长,为滤食性动物提供饵料基础。

3. 加强生态恢复与重建

受损害生态系统的恢复与重建工作是我国当前面临的一项紧迫任务。所谓生态恢复,就是使受到损害的生态系统从远离其初始状态方向回到干扰、开发或破坏前的初始状态所作的努力。所谓重建,就是将生态系统现有状态进行改善,增加人类所期望的某些特点,压低那些人类不希望的自然特点,改善的结果使生态系统进一步远离其初始状态。所谓改建,就是将恢复和重建措施有机地结合起来,使不良状态得到改善。

恢复和重建一般可采用如下两种模式途径:①当生态系统受损害没有超过负荷并且是可逆的情况下,干扰和压力被解除后,恢复可在自然过程中发生。

②当生态系统受损害超过负荷并发生不可逆变化,仅靠自然过程是不能使系统恢复到初始状态,必须加以人工措施才能迅速恢复。

4. 加强生态环境监测

生态环境监测是获取生态系统信息的主要渠道,是对其变化做出科学预测的重要依据,对于水域生态环境的保护、资源的有序利用开发、经济与环境的协调发展、实施综合管理提供重要科学依据和技术支撑。

正常的水域生态系统处于一种动态平衡中,生物群落与自然环境在其平衡点做一定范围的波动。但是,在气候变化和人类活动的影响下,我国水域生态系统的结构和功能都发生了很大的变化,遭到不同程度的破坏,诸如功能降低、稳定性和生产力降低、平衡能力减弱,导致水域生态系统退化。加强生态环境监测能够提高对生态环境灾害的防范能力,减少相应的环境损失。

生态环境调查监测的内容包括:非生命成分、参与物质循环的无机元素和化合物、联结生物和非生物部分的有机物质和生命部分的生产者、消费者和分解者。

二、生态保护要求

建设项目对海洋生物资源的影响评价应针对工程造成不利影响的对象、范围、时段和程度,根据环境保护目标要求,提出预防、减缓、恢复、补偿、管理、科研和监测等对策措施。

建设项目对海洋生物资源与生态环境保护应按照"谁开发谁保护、谁受益谁补偿、谁损坏谁修复"的原则。根据影响评价的结果,施工期对海洋生物资源的损害补偿经费列入工程环境保护投资预算,营运期对海洋生物资源的损害补偿经费可以分阶段列入项目运行成本预算,占用渔业水域对海洋生物资源的损害补偿应一次性落实补偿经费。同时制定可行的海洋生物资源保护措施,制定海洋生物资源保护措施应进行经济技术论证,选择技术先进、经济合理、便于实施、保护和改善环境效果好的措施,以建立完善的生态补偿机制。

建设项目对海洋生物资源的损害补偿和生态修复措施应按相关的法律、法规要求,征得相应渔业行政主管部门的同意后方可实施。工程造成珍稀、濒危水生生物或其他有保护价值、科学研究价值和重要经济价值的水生生物的种群、数量、栖息地、洄游通道受到不利影响,应提出工程防护、栖息地保护、迁地保护、种质库保存、过鱼设施、人工繁殖放流、设立保护区和管理等措施。

工程造成海洋生物资源量损害的,要依据影响的范围和程度,制定补偿措施,补偿措施的方案要进行评估论证,择优确定,落实经费和时限。工程造成渔业生产作业范围缩小、渔民传统作业方式改变而致使渔民收入下降的,应提出具体补偿措施或建议。工程造成工程周边渔民完全无法从事渔业生产的,应提出切实可行的安置措施或工程的生态补偿经费严格按规定全部用于生态修复,主要包括增殖放流、保护区建设与人工鱼礁建设,珍稀水生生物驯养繁殖,增殖放流的跟踪监测、效果评估和养护管理。

对各类建设项目在建设期和营运期可能会对海洋生物资源造成影响的,依据环境影响评价的结果,必须在环境影响报告书中提出建设项目在建设期和营运期对海洋生物资源的跟踪监测计划,明确跟踪监测的内容、方法、频率、监测机构、监测经费等要求。

三、生态保护措施

1. 填海工程生态环保措施

减轻围填、护岸形成、疏浚过程对海洋生态环境的影响,除减少各施工工程对海水水质的影响措施外,为减少其施工活动的影响程度和范围,施工单位在制定施工计划、安排进度时,应充分注意到附近海域的环境保护问题,在水产养殖的育苗及养殖高峰期,以及旅游高峰期应尽量减少施工远离敏感点的区域,或不安排施工,同时注意敏感点的反应,加强管理,及时调整施工进度。

海中施工不可避免地会对海洋捕捞作业产生影响,为减少海捕损失和保障渔业,在水工作业之前,除告知有关部门外,还应出具通告或告示,说明水工作业时间、地点、范围、作业方式等,并在施工区周围设立明显的标志。

根据悬沙和溢油等的浓度扩散范围的模拟预测数据,当产生不可避免的事故时,应及时告知海洋和渔业管理部门、养殖企业,使之及早准备,减少生产损失。

制定合理的施工计划,缩短填海作业周期。严格控制施工宽度,减少对不开发区域的破坏。通过对护坡进行垂直绿化来减轻对景观的影响。选择适合于水生生物附着生长的水工设施材料和结构设计方案,管桩外壁尽量粗糙,以利于水生生物附着。

加强对施工人员的管理,制定严格的环保规章制度,保证红线外山体陆地生态不受破坏。教育船舶工作人员,一旦发现珍稀生物,应主动避让,并停止施工,用驱赶的方法将其驱逐出作业海域,再进行作业。

2. 炸礁工程生态环保措施

水下爆破对周围鱼类影响较大,因此应制订科学、严谨、周密的施工方案,

尽量减少爆破量。主要保护对策如下:

采用先进的施工工艺,如水下钻孔爆破,其施工可靠,爆破效果好,可最大限度地减少爆破量;在爆破控制上,应采用对生态影响较小的方法,如延时爆破法,可以减缓冲击波对鱼类的影响;在鱼类产卵和鱼汛期减少施工次数,而在非产卵和非鱼汛期加快施工进度,这样既能保证工程进度,又能减少对渔业资源的影响。

根据以往的工程经验,鱼类在嗅到炸药产生的气味后会远离爆区,故在施工初期爆破应选用较小药量在杀伤半径范围内试爆,并采取其他驱赶措施,以便鱼类远离后,再逐次增大爆破药量;最好安排一至两次试爆,采用"先试后爆"的施工方案,根据现场爆破影响试验实际监测结果观察,来决定是否减少最大起爆药量。

此外,在炸礁期间可安排爆破影响科研试验,进行渔业资源跟踪调查。

3. 典型措施举例

某工程在施工过程中会对海洋生物栖息地造成彻底的破坏,施工产生的污染物也会损害海域水体生境,具体生态保护对策如下:

(1)工程建设过程中对海洋生物栖息地造成影响的作业主要是填海造陆工程。施工作业会对海洋生物栖息地造成破坏,但应当尽可能防止超出施工范围,以及防止不可恢复的破坏和影响。建议业主与有关主管部门协商有关生态补偿的方式和方法。

(2)施工应尽可能选择在海流平静的潮期,避免对敏感目标造成影响;同时应尽量避开底栖生物、鱼类的产卵期、浮游动物的快速生长期及鱼卵、仔鱼、幼鱼的高密度季节进行作业。同时,应对整个施工进行合理规划,尽量缩短工期,以减轻施工可能带来的水生生态环境影响。

(3)炸礁施工产生的强烈冲击波会对海洋生物产生较为严重的影响,根据以往炸礁的工程经验,鱼类在嗅到炸药产生的气味后会远离施工区,故在炸礁施打前应先放小炮,对鱼类进行驱赶,然后再进行炸礁作业。

(4)施工期可能造成的泥沙悬浮、排放船舶含油污水、车辆冲洗废水、生活污水以及垃圾向海域倾倒,都将对附近海洋生态环境产生一定影响,因此应按照有关环境保护措施中提出的具体要求加以实施,认真落实,严格管理。

(5)对疏浚和桩基施工区准确定位,详细记录其过程,严格按照施工平面布置进行作业,避免在一个区域重复作业。减少对项目所在海域底质扰动的强度。

(6)施工单位在施工前期充分做好生态环境保护的宣传教育工作,组织施工人员学习《中华人民共和国海洋环境保护法》等有关法律法规,增强施工人员对海洋珍稀动物保护的意识;建议施工单位制定有关海洋生态环境保护奖惩制度,落实岗位责任制。

(7)控制船舶的发动机噪声和其他设备的噪声,减少对水生动物的干扰。

(8)制订珍稀生物应急救护预案,在开工前连同施工组织方案报送珍稀生物保护区管理部门备案;如在施工时发现受伤、搁浅或误入港区而被困的珍稀生物,应当及时采取紧急救护措施并报告渔政管理机构处理;发现已经死亡的珍稀生物应当及时报告渔政管理机构,必要时应暂停施工检查原因。

(9)施工期间和工程建成后,应对项目附近的生态环境进行跟踪监测,掌握生态环境的发展变化趋势,以便及时采取调控措施。

(10)营运期应切实落实本报告提出的营运期废水和固体废物等污染物的防治措施,禁止直接排海,可减轻对附近海域生态环境的破坏。

三、生态修复措施

水域生态修复就是通过采取一系列措施,将已经退化或破坏的水生生态系统恢复、修复,基本达到原有水平或超过原有水平,并保持其长久稳定。修理恢复水体原有的生物多样性、连续性,充分发挥资源的生产潜力,同时达到保护水环境的目的,使水域生态系统转入良性循环,达到经济和生态协调与同步发展。

通过保护、种植、养殖、繁殖适宜的水中生长的植物、动物、微生物,改养生物群落结构和多样性,增加水体的自净能力,消除或减轻水体污染,生态修复区域在城镇和风景区附近,应具有良好的景观作用,生态修复具有美学价值,可以创造城市优美的水域生态景观。湿地的生态修复一般需要经过较长一段时间才能趋于稳定并发挥其最佳作用。种植水面植物能在较短时间发挥作用,可作为先锋技术采用,3~5 年可初步发挥作用,10~20 年才能发挥最佳作用,治理工作必须立足长治久安,遵循生态学基本规律。

四、生态补偿方案

根据国务院《关于印发中国水生生态资源养护保护行动纲要的通知》精神,建设单位应当按照有关法律规定,制订项目对生态资源损失的生态补偿方案,采取增殖放流等修复措施,改善水域生态环境,实现渔业资源可持续发展,促进人与自然的和谐发展,维护水生生物多样性。按照"损失多少,补偿多少"的生态补偿原则,对工程造成的生态资源损失予以补偿。

1. 生态资源等量补偿

生态补偿按照等量补偿原则确定。根据农业部《建设项目对海洋生物资源影响评价技术规程》(SC/T 9110—2007)的有关规定,对项目附近水域的生物资源恢复做出经济补偿。具体的补偿措施和方案与当地的海洋行政主管部门协商确定,并将对渔业资源的补偿费用纳入环保投资。

工程项目实施后,应对施工区域及附近海域进行渔业生态环境和生物资源跟踪监测,渔业资源的损失进行经济补偿主要用于渔业主管部门增殖放流、渔业资源养护与管理,以及进行渔业资源和渔业生态环境跟踪调查等,使渔业资源得到尽快恢复和可持续利用。

2. 增殖放流

渔业资源增殖放流是指对野生鱼、虾、蟹、贝类等进行人工繁殖、养殖或捕捞天然苗种在人工条件下培育后,释放到渔业资源出现衰退的天然水域中,使其自然种群得以恢复。据渔业部门以往运作经验,在海域连续三年进行海洋生物资源的人工放流,基本可弥补项目施工等造成的渔业资源损失。增殖放流主要考虑放流的品种和数量、放流前后的管理,从而实施增殖放流的计划。

(1)放流品种和数量。根据当地的自然环境及当地适宜的放流品种,确定项目附近海域的放流品种和数量,筛选适应当地生态环境和能较大批量苗种生产的品种。

(2)放流前后的管理。放流前的管理:放流前的现场管理主要由渔政管理部门承担。一是时间的选择,放流工作将安排在定置张网禁渔和伏季休渔期间;二是放流前清理放流区域的作业,并划出一定范围的临时保护区,保护区内禁止的作业除了国家规定禁止的作业类型及伏季休渔禁止的拖网、帆张网等作业之外,禁止10 m等深线以外的定置作业,同时禁止沿岸、滩涂、潮间带等10 m等深线以内的定置作业、迷魂阵、插网、流网、笼捕作业等小型作业;三是在渔区广为宣传,便于放流品种的回捕、保护、管理等工作的顺利开展。

放流后的现场管理:拟由当地海洋渔业主管部门组织有关渔政力量加强放流区域的管理,并落实监督、检查措施。

(3)人工增殖放流计划。增殖放流,可补偿项目造成的生态损失的货币价值。建设单位应切实保障予以落实。

如某填海工程,其根据《大亚湾生物资源护养增殖规划》,结合当地海洋部门的人工放流,项目人工放流方案见表9.6-1。

表 9.6-1 人工放流方案

地点	种类与数量	时间	频次	投资
大亚湾芒洲岛周围海域	真鲷 40 万尾/年、黑鲷 40 万尾/年、巴菲蛤 50 万粒/年	每年 6 月	施工结束后 6~9 年内	每年 150 万元

3. 贝类底播

根据具体项目的特点，确定底播的种类、时间和地点，与人工增殖放流一样，实行贝类底播可补偿项目造成的生态损失的货币价值。建设单位应切实保障予以落实。

如珠江口某港口工程的贝类底播种类、时间和地点如下：

底播种类：泥蚶、文蛤、缢蛏、扇贝、花蛤等适合在珠江口海域生长的经济贝类。

底播时间：根据南海休渔时间，建议在 6 月初进行。

底播地点：可以选择在工程附近的贝类增殖区进行。

4. 人工鱼礁生态恢复技术

人工鱼礁是指为保护和改善海洋生态环境，增殖渔业资源，在海洋中设置的构筑物。人工鱼礁按照功能分为以下三类：

（1）生态公益型人工鱼礁。投放在海洋自然保护区或者重要渔业水域，用于提高渔业资源保护效果的为生态公益型人工鱼礁。

（2）准生态公益型人工鱼礁。投放在重点渔场，用于提高渔获质量的为准生态公益型人工鱼礁。

（3）开放型人工鱼礁。投放在适宜休闲渔业的沿岸渔业水域，用于发展游钓业的为开放型人工鱼礁。

第七节 污染物排放总量控制

一、基本要求

按国家对污染物排放总量控制指标的要求，在核算污染物排放量的基础上提出工程污染物总量控制建议指标，是建设项目环境影响评价的任务之一。在海洋环境影响评价中，应阐明建设项目建设阶段和运营阶段的污染物排海方式和排海总量，并注重下列要求：

（1）阐明环境质量控制要求和污染物排放总量的预测、分析和控制方法；

（2）阐明应受控污染物排放混合区的时空分布；

（3）阐明应控制的污染物要素和污染物排放削减方式与方法的建议值，给出受控污染物排放总量控制的措施和方法，明确污染物排放总量控制方案和建议值。

二、控制指标

污染物总量控制建议指标应包括国家规定的指标和项目的特征污染物。

项目的特征污染物，是指国家规定的污染物排放总量控制指标未包括，但又是项目排放的主要污染物，如电解铝、磷化工排放的氟化物，氯碱化工排放的氯气、氯化氢等。这些污染物虽然不属于国家规定的污染物排放总量控制指标，但由于其对环境影响较大，又是项目排放的特有污染物，所以必须作为项目的污染物排放总量控制指标。评价中提出的项目污染物排放总量控制指标其单位为每年排放多吨。

国家对主要指标（如二氧化硫、化学需氧量）实行全国总量控制，根据各省（区、市）的具体情况，将指标分解到各省（区、市），再由省（区、市）分解到地（市）州，最终控制指标下达到县。为了更科学地实行污染物总量控制，全国组织对主要河流的水环境容量和主要城市的大气环境容量进行测算，使全国的污染物总量控制指标更加科学合理。

根据国务院关于印发"十三五"生态环境保护规划的通知（国发〔2016〕65号），主要污染物包括化学需氧量、氨氮、二氧化硫、氮氧化物。区域性污染物包括重点地区重点行业挥发性有机物、重点地区总氮、重点地区总磷。

1. 改革完善总量控制制度

以提高环境质量为核心，以重大减排工程为主要抓手，上下结合，科学确定总量控制要求，实施差别化管理。优化总量减排核算体系，以省级为主体实施核查核算，推动自主减排管理，鼓励将持续有效改善环境质量的措施纳入减排核算。加强对生态环境保护重大工程的调度，对进度滞后地区及早预警通报，各地减排工程、指标情况要主动向社会公开。总量减排考核服从于环境质量考核，重点审查环境质量未达到标准、减排数据与环境质量变化趋势明显不协调的地区，并根据环境保护督查、日常监督检查和排污许可执行情况，对各省（区、市）自主减排管理情况实施"双随机"抽查。大力推行区域性、行业性总量控制，鼓励各地实施特征性污染物总量控制，并纳入各地国民经济和社会发展规划。

2. 控制重点地区重点行业挥发性有机物排放

全面加强石化、有机化工、表面涂装、包装印刷等重点行业挥发性有机物控制。细颗粒物和臭氧污染严重省份实施行业挥发性有机污染物总量控制，制订挥发性有机污染物总量控制目标和实施方案。强化挥发性有机物与氮氧化物的协同减排，建立固定源、移动源、面源排放清单，对芳香烃、烯烃、炔烃、醛类、酮类等挥发性有机物实施重点减排。开展石化行业"泄漏检测与修复"专项行动，对无组织排放开展治理。各地要明确时限，完成加油站、储油库、油罐车油气回收治理，油气回收率提高到90％以上，并加快推进原油成品油码头油气回收治理。涂装行业实施低挥发性有机物含量涂料替代、涂装工艺与设备改进，建设挥发性有机物收集与治理设施。印刷行业全面开展低挥发性有机物含量原辅料替代，改进生产工艺。京津冀及周边地区、长三角地区、珠三角地区，以及成渝、武汉及其周边、辽宁中部、陕西关中、长株潭等城市群全面加强挥发性有机物排放控制。

3. 总磷、总氮超标水域实施流域、区域性总量控制

总磷超标的控制单元以及上游相关地区要实施总磷总量控制，明确控制指标并作为约束性指标，制订水质达标改善方案。重点开展100家磷矿采选和磷化工企业生产工艺及污水处理设施建设改造。大力推广磷铵生产废水回用，促进磷石膏的综合加工利用，确保磷酸生产企业磷回收率达到96％以上。沿海地级及以上城市和汇入富营养化湖库的河流，实施总氮总量控制，开展总氮污染来源解析，明确重点控制区域、领域和行业，制订总氮总量控制方案，并将总氮纳入区域总量控制指标。氮肥、味精等行业提高辅料利用效率，加大资源回收力度。印染等行业降低尿素的使用量或使用尿素替代助剂。造纸等行业加快废水处理设施精细化管理，严格控制营养盐投加量。强化城镇污水处理厂生物除磷、脱氮工艺，实施畜禽养殖业总磷、总氮与化学需氧量、氨氮协同控制。

表 9.7-1　污染物排放总量

主要污染物排放 总量减少（％）	化学需氧量	〔10〕	约束性
	氨氮	〔10〕	
	二氧化硫	〔15〕	
	氮氧化物	〔15〕	

（续表）

区域性污染物排放 总量减少(%)	重点地区重点行业挥发性有机物5	〔10〕	
	重点地区总氮6	〔10〕	
	重点地区总磷7	〔10〕	

注：1.〔 〕内为五年累计数。

2. 空气质量评价覆盖全国338个城市(含地、州、盟所在地及部分省辖县级市，不含三沙和儋州)。

3. 水环境质量评价覆盖全国地表水国控断面，断面数量由"十二五"期间的972个增加到1 940个。

4. 为2013年数据。

5. 在重点地区、重点行业推进挥发性有机物总量控制，全国排放总量下降10%以上。

6. 对沿海56个城市及29个富营养化湖库实施总氮总量控制。

7. 总磷超标的控制单元以及上游相关地区实施总磷总量控制。

第八节 "三同时"验收主要内容

一、"三同时"基本概念

"三同时"是我国的环境管理制度，国际上通常在环境影响评价概念中，把根据环境影响评价提出的防止污染和生态破坏的措施、设施的建设和落实及建成后的监督检测，看作是环境影响评价的一部分，是一个完整的全过程。我国由于"三同时"制度先于环境影响评价制度的建立，建设项目环境管理就认为分成了两个阶段，"三同时"管理制度与环境影响评价制度是有效贯彻"预防为主、防治结合"方针，防止新污染和生态破坏，实施可持续发展战略的两大根本性措施。

二、"三同时"制度的由来

1972年在国务院批转《国家计委、国家建委关于官厅水库污染情况和解决意见的报告》中首次提出了"工厂建设和'三废'利用工程要同时设计、同时施工、同时投产"的要求。1973年第一次全国环境保护工作会议上，经与会代表讨论并报国务院批准，"防治污染及其他公害的设施必须与主体工程同时设计、同时施工、同时投产"的"三同时"正式确立为我国环境保护工作的一项基本管理制度。

1979年颁布的《中华人民共和国环境保护法（试行）》第六条中规定：其中防止污染和其他公害的设施，必须与主体工程同时设计、同时施工、同时投产；各项有害物质的排放必须遵守国家规定的标准。首次把"三同时"作为一项法律制度确定下来。

2014年颁布的《中华人民共和国环境保护法》第四十一条对"三同时"制度再次给予确认：建设项目中防治污染的设施，应当与主体工程同时设计、同时施工、同时投产使用。防治污染的设施应当符合经批准的环境影响评价文件的要求，不得擅自拆除或者闲置。

《建设项目环境保护管理条例》第十五条再次强调了"三同时"制度：建设项目需要配套建设的环境保护设施，必须与主体工程同时设计、同时施工、同时投产使用。

三、《建设项目环境保护管理条例》有关内容

"三同时"的核心是"同时投产"，只有环境保护设施与生产设施同时投入使用，才能避免或减轻对环境造成的损害。《建设项目环境保护管理条例》中第十七条和第十八条规定：

"**第十七条**　编制环境影响报告书、环境影响报告表的建设项目竣工后，建设单位应与按照国务院环境保护行政主管部门规定的标准和程序，对配套建设的环境保护设施进行验收，编制验收报告。

建设单位在环境保护设施验收过程中，应当如实查验、监测、记载建设项目环境保护设施的建设和调试情况，不得弄虚作假。

除按照国家规定需要保密的情形外，建设单位应当依法向社会公开验收报告。

第十八条　分期建设、分期投入生产或者使用的建设项目，其相应的环境保护设施应当分期验收。"

环境保护设施建设是防止产生新的污染，保护环境的重要环节，环境保护设施主要是指：

（1）污染控制设施，包括水污染物、空气污染物、固体废物、噪声污染、振动、电磁、放射性等污染的控制设施，如污水处理设施、除尘设施、隔声设施、固体废物卫生填埋或焚烧设施等。

（2）生态保护设施，包括保护和恢复动植物种群的设施、水土流失控制设施等，如为保护和恢复鱼类种群而建设的鱼类繁育场、为防治水土流失而修建的堤坝挡墙等。

（3）节约资源和资源回收利用设施，包括能源回收与节能设施、节水设施与污水回用设施、固体废物综合利用设施等，如为回收利用污水而修建的污水深度处理装置及其管道、为回收利用固体废物而修建的生产装置等。

（4）环境监测设施，包括水环境监测装置、大气监测装置等污染物监测设施。

除上述环境保护设施外，建设项目还可采取有关的环境保护措施用以减轻污染和对生态破坏的影响，如对某些环境敏感目标采取搬迁措施、补偿措施，对生态恢复采取绿化措施等，这些措施也应当与建设项目同时完成。

《建设项目环境保护管理条例》修订后，对建设项目竣工环境保护验收做出了较大调整，明确建设单位的环境保护主体责任，同时《建设项目竣工环境保护验收暂行办法》对建设项目竣工环境保护验收作出了细化规定：

"**第三条** 建设项目竣工环境保护验收的主要依据包括：

（一）建设项目环境保护相关法律、法规、规章、标准和规范性文件；

（二）建设项目竣工环境保护验收技术规范；

（三）建设项目环境影响报告书（表）及审批部门审批决定。

第四条 建设单位是建设项目竣工环境保护验收的责任主体，应当按照本办法规定的程序和标准，组织对配套建设的环境保护设施进行验收，编制验收报告，公开相关信息，接受社会监督，确保建设项目需要配套建设的环境保护设施与主体工程同时投产或者使用，并对验收内容、结论和所公开信息的真实性、准确性和完整性负责，不得在验收过程中弄虚作假。

环境保护设施是指防治环境污染和生态破坏以及开展环境监测所需的装置、设备和工程设施等。

验收报告分为验收监测（调查）报告、验收意见和其他需要说明的事项等三项内容。"

四、竣工环境保护验收举例

根据《防治港口工程建设项目污染损害海洋环境管理条例》，工程建成后应及时向海洋主管部门申请环保验收，对各环保工程措施"三同时"的落实情况、效果及工程建设对环境影响进行调查。本项目环保验收内容见表9.9-1。

表 9.9-1 项目"三同时"环保验收内容一览表

序号	污染防治类别	验收内容	环保验收措施	依据的排放标准或相关规定
1	废水	施工现场是否设置沉淀池对施工废水和初期雨水污水收集;施工现场是否对生活污水进行定期清运	检查相关交接手续	《建设项目环境保护管理条例》
		施工船舶含油污水是否交由有资质的单位接收处理;是否就船舶油污扩散采取措施	检查相关交接手续	《船舶污染物排放标准》(GB 3552—83)
2	固体废物	施工人员生活垃圾是否分类收集并设有垃圾桶	检查相关交接手续	《建设项目环境保护管理条例》
3	疏浚物	疏浚范围、疏浚量、疏浚物去向相关证明文件	检查相关交接手续	《中华人民共和国海洋倾废管理条例》
4	大气	施工期是否在输运沿线、工程区进行了喷洒水等措施;建筑材料运输车辆是否采取了遮盖措施;车辆是否采用了清洁燃料	检查相关交接手续	《建设项目环境保护管理条例》
5	噪声	施工车辆经过沿线大型敏感点时是否禁止鸣笛,并减速慢行	检查相关交接手续	《建设项目环境保护管理条例》
6	环境监管	是否配备有环境管理人员及相应的仪器设备;是否制定了相应的环境管理制度;是否采用施工方案和工艺规定的施工设施设备	检查相关交接手续	《建设项目环境保护管理条例》
7	风险防范	施工船舶是否按照要求配备应急设备	检查相关交接手续	《建设项目环境风险评价技术导则》

第十章　环境损益分析、环境管理
与海洋环境监测

第一节　环境损益分析

环境影响的经济损益分析,也称为环境影响的经济评价,就是要估算某一项目、规划或政策所引起环境影响的经济价值,并将环境影响的价值纳入项目、规划或政策的经济分析(费用效益分析)中去,以判断这些环境影响对该项目、规划或政策的可行性会产生多大的影响。这里,对负面的环境影响,估算出的是环境成本;对正面的环境影响,估算出的是环境效益。

一、环境经济影响评价的概念

关于环境影响经济评价的概念有多种说法:环境影响经济评价是对环境影响进行经济分析;环境影响经济评价是对环境影响的经济价值进行评价;环境影响经济评价是对环境影响进行价值计量;环境影响经济评价是经济分析在环境影响评价中的应用。这些说法在一定程度上都解释了环境影响的经济评价。

在这里,环境影响经济评价是指我国环境影响评价制度中所规定的环境影响的经济损益分析,即估算某一项目、规划或政策所引起的环境影响的经济价值,并将环境影响的价值纳入项目、规划或政策的经济分析(即费用效益分析)中去,以判断这些环境影响对该项目、规划或政策的可行性会产生多大的影响。

二、环境影响经济评价的必要性

1. 法律依据
《中华人民共和国环境影响评价法》明确规定,要对建设项目的环境影响进行经济损益分析。

2. 政策工具
世界银行、亚洲开发银行等国际金融组织以及美国等较早开展环境影响评价的国家,都要求在其环境评价中要进行环境影响的经济评价。如世界银行在其政策指令 OP4.01 和 OP10.04 中,明确要求在环境评价中"尽可能地以货币化价值量化环境成本和环境效益,并将环境影响价值纳入项目的经济分析中去"。亚洲开发银行(1996)为此还发行了《环境影响的经济评价工作手册》,指导对环境影响的经济评价。

1997 年世界银行在其中国环境报告《碧水蓝天》中,估算出中国环境污染损失每年至少 540 亿美元,占 1995 年 GDP 的 8%,这一评估以及中国研究者所做的相关环境污染损失评估,对中国在第十个五年计划大幅提高环境投资起到了良好的作用。

我国政府开始实行绿色 GDP,将环境损益计入国民经济计量体系中,标志着一种新的发展战略的贯彻实施。

三、环境影响经济评价的意义

对环境影响进行经济评价具有重要的意义,主要体现在以下几方面。

1. 有利于可持续发展战略的实施

我国 20 世纪 90 年代制定了明确的可持续发展战略。但是,要使我国可持续发展战略付诸实践,还必须使可持续发展战略具体化,将其纳入各种开发活动的管理体系中考虑。具体而言,就是在项目投资、区域开发或政策制定中对其所造成的环境影响进行经济评价,以此进行综合的评估和判断,从而确定能否达到可持续发展的要求。

2. 为环境资源的科学管理提供依据

如果环境资源管理的目标是为了追求与使用环境和自然资源相联系的净经济效益的最大化,那么费用效益分析就可成为一种最佳的管理规则。在这种情况下,有关环境管理的科学决策,也就变成了一个估算边际效益曲线和边际费用曲线并寻找两曲线交点的过程,而这也就提出了相应的信息需求——货币化的环境效益和环境费用。在对环境系统提供的服务进行货币化估价时,有些是非常困难的,如生物多样性损失、舒适性的改善和视觉享受等,这些曾经没有被认识到或者被认为与经济分析无关的事物,现在已经被认为是非常重要的价值资源,它们往往成为环境管理过程中政策分析的核心问题。

3. 提高环境影响评价的有效性

目前,我国建设项目或区域开发,一般是企业或开发者从自身的角度先进行财务分析和国民经济评价,然后由环境影响评价单位进行环境影响评价。这种以经济效益为主要目标,没有具体考虑环境影响所产生的费用和效益的评价模式,不可避免地存在弊端,如未对环境价值进行系统分析、过分集中于建设项目而忽视了环境外部不经济性等。为了进一步提高环境影响评价的有效性,就必须将有关的经济学理论融入传统的环境影响评价之中,使环境影响评价和国民经济评价有机结合起来,其结合点就是环境影响经济评价。

4. 为生态补偿提供明确的依据

环境保护需要补偿机制,需要以补偿为纽带,以利益为中心,建立利益驱动机制、激励机制和协调机制。生态补偿制度的建立和完善,已成为重大的现实课题。要实行生态补偿,首先面临的一个难题就是如何确定生态补偿的数额。生态补偿金的最终确定必须有明确的科学依据,其基础就是对环境影响进行经济评价,从而确定生态环境影响的货币化价值。

5. 有利于环境保护的公众参与

公众参与是环境影响评价的一项重要制度。环境影响评价单位在实际工作中也开展了这方面的工作。但大多局限于到建设项目所在地访问或召开座谈会或问卷听取和征求所在地单位或个人的意见,将其作为公众参与环境影响评价的内容。这种调查形式简单,且项目情况介绍不详,不能进行定量分析,公众难以真正了解拟建项目对环境影响的范围、程度、危害及对经济社会的影响,因此公众参与意见的结果难以作为决策的依据。如果能够对环境影响进行经济评价,将环境影响的具体物理量转化为价值量,在市场经济体制下,这些货币化的指标必然更能引起人们的重视。因此,为真正赋予公众参与环境与发展战略实施过程的监督管理权力,逐步建立起公众参与社会经济发展决策的机制,就必须加强环境影响经济评价工作,使公众能够真正了解环境影响的经济损益。

四、建设项目"环境影响经济损益分析"

建设项目环境影响的经济评价,是以大气、水、声、生态等环境影响评价为基础的,只有得到各环境要素影响评价结果,才可能在此基础上进行环境影响的经济评价。

建设项目环境影响经济损益评价包括建设项目环境影响经济评价和环保措施的经济损益评价两部分。

环境保护措施的经济论证,是要估算环境保护措施的投资费用、运行费用、取得的效益,用于多种环境保护措施的比较,以选择费用比较低的环境保护措施。环境保护措施的经济论证不能代替建设项目的环境影响经济损益分析。

第二节　环境管理

为了做好环境保护工作,降低项目营运期污染物对海洋环境的影响程度,建设单位应高度重视环境保护,应成立专门的机构进行环境保护管理工作。根据有关法规并结合项目建设特点制定相应的环境监测计划,确定环境监测工作的组织、监测职责范围等。

一、环境管理保护部门

海洋环境保护有关部门负责项目的环境管理、环境监测等监督管理工作。

项目营运期的环保管理工作除上述有关部门外,应由项目建设单位落实各项环保措施并配合上述机构的环保执法与监督管理工作。

二、建设单位环境管理机构设置

建设单位应设立内部环境保护管理机构,由建设单位主要负责人及专业技术人员组成。派专人负责各个工序的环境管理工作;并实行定岗定员,岗位责任制,保证营运期环保设施的正常进行和各项环境保护措施的落实。

项目建设单位环保管理机构的职责如下:

(1)宣传并执行国家有关环保法规、条例、标准,并监督有关部门执行;

(2)负责本项目的环境保护管理工作,监督各项环保措施的落实与执行情况;

(3)按环保部门的规定和要求填报各种环境管理报表;

(4)协调、处理因项目所产生的环境问题而引起的各种投诉,并达成相应的谅解措施;

(5)环境监测工作及监测计划的实施,应由建设单位的环保机构完成,在不具备条件的情况下亦可委托有资质的环境监测站协助进行。

第三节　海洋环境监测

一、海洋环境监测一般要求

1. 监测目的

根据《建设项目海洋环境影响跟踪监测技术规程》要求,为了及时了解和掌握建设项目在其施工期和运营期对海洋水质、沉积物和生态产生的影响,使可能造成环境影响的因素得以及时发现,需要对建设项目的施工期和运营期对海洋环境产生的影响进行跟踪监测。

采样监测工作由当地有资质的环境监测单位承担,按常规环境监测要求,监测人员应专门培训,经考核取得合格证书持证书上岗,海洋环境基本要素监测的导航定位设备采用全球定位(GPS)或差分全球定位系统(DGPS),监测单位应制定采样操作程序,防止采样玷污,并对所采集的样品进行相关处理妥善贮存;室内分析应选定适当的检测方法,保证检测质量。

监测计划的实施应接受环保主管部门、海洋主管部门的监督、检查和指导,并及时向生态环境局报送跟踪监测报告等相关监测结果。环境监测计划应包括以下主要内容:

(1)依据环境影响评价与预测结果,提出环境监测计划;监测计划应体现区域环境特点和工程特征。

(2)明确环境监测站位、监测项目、监测方法、监测频率等主要内容。

(3)明确监测单位的资质要求和提交有效的计量认证跟踪监测分析测试报告等要求。

(4)评价建设项目拟采取的环境监测计划的可行性和实效性。

2.特征参数

由于建设项目的性质、施工和生产工艺等情况的不同,施工期和运营期所产生的污染物也不同,海洋环境影响跟踪监测的重点也就不同。因此,在进行跟踪监测前,应根据建设项目的规模、施工方式、生产工艺流程、施工期和运营期排放的污染物的种类、建设项目所处海域的自然环境特征等情况确定施工期和运营期跟踪监测的特征参数。

施工期跟踪监测的特征参数应为因建设项目施工排放的污染物,如悬浮物等;运营期跟踪监测的特征参数就是建设项目所排放的主要污染物;对于明显改变岸线和海底地形的建设项目还应将水文动力要素(如海流、水深)作为跟踪监测的特征参数;对于建设项目附近海域存在生态敏感区的应将生物项目作为跟踪监测的特征参数。

二、断面与站位布设

1.监测范围

(1)纵向:距离建设项目所处海域外缘两侧分别不小于一个潮程。

$$L = v \times 3\ 600 \times 6 \qquad\qquad (10.3.1)$$
$$L = v \times 3\ 600 \times 12 \qquad\qquad (10.3.2)$$

式中,L 为潮程,m;v 为一个潮周期内的平均流速,m/s。

式(10.3.1)适用于半日潮流海区,式(10.3.2)适用于全日潮流海区。

(2)横向:距离建设项目所处海域外缘两侧(海岸建设项目为向海一侧)分别不小于 1 km。实际监测范围还应视具体情况而定。

2. 断面布设

(1)水文监测项目的断面布设。横向不少于 3 个断面,其中经过建设项目所处海域中心点为主断面,两侧分别不少于 1 个。

(2)水质监测项目的断面布设。垂直于纵向设 3~5 个断面,其中经过建设项目所处海域中心点为主断面,其他断面在主断面两侧各设 1~2 个。

3. 站位布设

(1)布设原则。站位布设应掌握以下原则,同时可参考下述方法布设:①布设的站位应具有代表性。②在监测范围内,以最少的测站所获取的监测数据能够满足监测的要求。③尽可能使用历史资料。④如果监测范围内存在生态敏感区,应适当增加生态敏感区的测站数。

(2)水文监测项目的站位布设。主断面上设连续测站 1~3 个,其他断面设连续测站 1 个,大面测站 1~3 个。其中连续测站兼大面测站(以下同)。测站的间距不小于监测范围的 1/3。

(3)水质监测项目的站位布设。主断面上设连续测站 1 个,其他断面是否设连续测站视具体情况而定;每个断面设大面测站不少于 3 个。测站的间距,应自建设项目所处海域中心点向外由密到疏。

(4)沉积物和生物监测项目的站位布设。可在每个水质断面中选取 1~3 个测站。

三、监测项目

首先根据建设项目的规模、施工方式、施工和生产工艺、海域的自然环境特征、施工期和运营期排放的污染物种类等情况确定该建设项目施工期和运营期跟踪监测的重点项目。下述监测项目可根据具体情况适当增加或减少。

1. 水文监测项目

水色、透明度、悬浮物及根据建设项目所处海域的自然环境特征和建设项目的特点选定的特征参数。

2. 水质监测项目

铜、铅、镉、石油类以及根据建设项目所处海域的自然环境特征和建设项目各阶段排放的污染物特征选定的特征参数。

3. 沉积物监测项目

铜、铅、镉、石油类以及依据建设项目所处海域的自然环境特征和建设项目各阶段排放的污染物特征选定的特征参数。

4. 生物监测项目

叶绿素 a、浮游动物、浮游植物、底栖生物以及依据建设项目所处海域的自然环境特征和建设项目各阶段排放的污染物特征选定的特征参数。

四、监测时间与频率

1. 水文项目

建设项目施工开始后的大潮和小潮期进行,施工期每个季节选择大、小潮各进行一次。施工结束后进行一次后评估监测,以后的跟踪监测视后评估监测结果而定。

2. 水质项目

施工期大于一年的建设项目至少在施工期内的每个潮汐年的丰水期、平水期和枯水期进行大、小潮期的监测。施工结束后进行一次后评估监测。施工初期,可根据工程规模、工程所处海域的自然环境状况、污染物排放量、污染物的复杂程度等情况,适当加大特征参数的监测频率。运营期至少在一个潮汐年的丰水期、平水期和枯水期进行一次大、小潮期的监测。以后可根据前几次的监测结果,适当加大和减小监测频率。

3. 沉积物项目

沉积物项目在施工开始时进行一次,施工期每年监测一次,运行期每两年监测一次。对于明显改变海底地形的建设项目应适当加大监测频率。

4. 生物项目

生物项目可参照水质项目适当减少监测频率。对监测范围内存在生态敏感区的建设项目应加大生态敏感区内各测站的监测频率。

5. 临时监测

如遇建设项目施工或生产的特殊情况(如施工进度加快等)应及时进行临

时跟踪监测。

五、分析方法与相关标准

数据分析测试与质量保证应满足下列标准的要求：

(1)《海洋监测规范》(GB 17378.2—7)；

(2)《海洋调查规范》(GB 12763.7)；

(3)《海洋调查规范 海洋地质地球物理调查》(GB/T 13909—92)。

监测项目的分析方法和引用标准见表 10.3-1。

表 10.3-1 监测项目分析方法和引用标准

监测项目	分析方法	引用标准
水色	比色法	GB 17378.4
透明度	目测法	GB 17378.4
悬浮物	重量法	GB 17378.4
油类	紫外分光光度法	GB 17378.4
铜	无火焰原子吸收分光光度法	GB 17378.4
铅	无火焰原子吸收分光光度法	GB 17378.4
镉	无火焰原子吸收分光光度法	GB 17378.4
叶绿素 a	荧光分光光度法或紫外可见分光光度法	GB 17378.4

第四节 监测质量保证与质量控制

排污单位应建立并实施质量保证与控制措施方案，以自证自行监测数据的质量。

一、建立质量体系

排污单位应根据本单位自行监测的工作需求，设置监测机构，梳理监测方案制订、样品采集、样品分析、监测结果报出、样品留存、相关记录的保存等监测的各个环节中，为保证监测工作质量应制定工作流程、管理措施与监督措施，建立自行监测质量体系。

质量体系应包括对以下内容的具体描述：监测机构、人员，出具监测数据所需仪器设备，监测辅助设施和实验室环境，监测方法技术能力验证，监测活动质量控制与质量保证等。

委托其他有资质的检(监)测机构代为开展自行监测的，排污单位不用建立监测质量体系，但应对检(监)测机构的资质进行确认。

二、监测机构

监测机构应具有与监测任务相适应的技术人员、仪器设备和实验室环境，明确监测人员和管理人员的职责、权限和相互关系，有适当的措施和程序保证监测结果准确可靠。

三、监测人员

应配备数量充足、技术水平满足工作要求的技术人员，规范监测人员录用、培训教育和能力确认/考核等活动，建立人员档案，并对监测人员实施监督和管理，规避人员因素对监测数据正确性和可靠性的影响。

四、监测设施和环境

根据仪器使用说明书、监测方法和规范等的要求，配备必要的如除湿机、空调、干湿温度计等辅助设施，以使监测工作场所条件得到有效控制。

五、监测仪器设备和实验试剂

应配备数量充足、技术指标符合相关监测方法要求的各类监测仪器设备、标准物质和实验试剂。

监测仪器性能应符合相应方法标准或技术规范要求，根据仪器性能实施自校准或者检定/校准、运行和维护、定期检查。

标准物质、试剂、耗材的购买和使用情况应建立台账予以记录。

六、监测方法技术能力验证

应组织监测人员按照其所承担监测指标的方法步骤开展实验活动，测试方法的检出浓度、校准(工作)曲线的相关性、精密度和准确度等指标，实验结果满足方法相应的规定以后，方可确认该人员实际操作技能满足工作需求，能够承担测试工作。

七、监测质量控制

编制监测工作质量控制计划,选择与监测活动类型和工作量相适应的质控方法,包括使用标准物质、采用空白试验、平行样测定、加标回收率测定等,定期进行质控数据分析。

八、监测质量保证

按照监测方法和技术规范的要求开展监测活动,若存在相关标准规定不明确但又影响监测数据质量的活动,可编写《作业指导书》予以明确。

编制工作流程等相关技术规定,规定任务下达和实施,分析仪器设备购买、验收、维护和维修,监测结果的审核签发、监测结果录入发布等工作的责任人和完成时限,确保监测各环节无缝衔接。

设计记录表格,对监测过程的关键信息予以记录并存档。

定期对自行监测工作开展的时效性、自行监测数据的代表性和准确性、管理部门检查结论和公众对自行监测数据的反馈等情况进行评估,识别自行监测存在的问题,及时采取纠正措施。管理部门执法监测与排污单位自行监测数据不一致的,以管理部门执法监测结果为准,作为判断污染物排放是否达标、自动监测设施是否正常运行的依据。

参考文献

[1] 韩香云,陈天明. 环境影响评价[M]. 北京:化学工业出版社,2018.

[2] 环境保护部环境工程评估中心. 海洋工程类环境影响评价[M]. 北京:中国环境科学出版社,2012.

[3] 环境保护部环境影响评价工程师职业资格登记管理办公室. 交通运输类环境影响评价(上)[M]. 北京:中国环境科学出版社,2011.

[4] 环境保护部. 建设项目环境影响评价技术导则·总纲(HJ 2.1—2016)[S]. 北京:中国环境科学出版社,2016.

[5] 环境保护部. 排污单位自行监测技术指南·总则(HJ 819—2017)[S]. 北京:中国环境科学出版社,2017.

[6] 环境保护部. 环境空气质量评价技术规范(试行)(HJ 663—2013)[S]. 北京:中国环境科学出版社,2013.

[7] 环境保护部. 环境影响评价技术导则·声环境(HJ 2.4—2009)[S]. 北京:中国环境科学出版社,2009.

[8] 环境保护部. 环境影响评价技术导则·生态环境(HJ19—2011)[S]. 北京:中国环境科学出版社,2011.

[9] 黄晨,李世健. 煤炭堆场风蚀起尘源强两种计算方法的对比[J]. 中国港湾建设,2015,35(10):48-52.

[10] 季雪元. 干散货码头堆场静态起尘量计算方法[J]. 水运工程,2017,3:71-75.

[11] 季雪元,周芳. 干散货码头装卸起尘量计算方法研究[J]. 工程与建设,2019,33(6):935-937.

[12] 姜万钧. 日照港30万吨原油码头工程倾倒区海洋环境影响研究[D]. 青岛:中国海洋大学,2009.

[13] 刘春萍,沈有兵,丁少鹏. 港口工程船舶污染环境风险与评估[J]. 水运工程,2012(05):68-73.

[14] 刘晓峰. 海南洋浦港30万吨级油码头船舶污染风险与防治对策研究[D]. 大连:大连海事大学,2011.

[15] 生态环境部. 环境影响评价技术导则·大气环境（HJ 2.2—2018）[S]. 北京：中国环境出版集团, 2018.

[16] 生态环境部. 环境影响评价技术导则·地表水环境（HJ 2.3—2018）[S]. 北京：中国环境科学出版社, 2018.

[17] 生态环境部. 建设项目环境风险评价技术导则（HJ 169—2018）[S]. 北京：中国环境科学出版社, 2018.

[18] 生态环境部. 排污单位自行监测技术指南·水处理（HJ 1083—2020）[S]. 北京：中国环境出版集团, 2020.

[19] 生态环境部. 污染源源强核算技术指南·准则（HJ 884—2018）[S]. 北京：中国环境科学出版社, 2018.

[20] 生态环境部环境工程评估中心. 环境影响评价技术导则与标准[M]. 北京：中国环境出版集团, 2019.

[21] 生态环境部环境工程评估中心. 环境影响评价相关法律法规[M]. 北京：中国环境出版集团, 2019.

[22] 生态环境部环境工程评估中心. 环境影响评价技术方法[M]. 北京：中国环境出版集团, 2019.

[23] 侍茂崇, 李培良. 海洋调查方法[M]. 北京：海洋出版社, 2018.

[24] 侍茂崇, 高郭平, 鲍献文. 海洋调查方法[M]. 青岛：中国海洋大学出版社, 2016.

[25] 孙志霞. 填海工程海洋环境影响评价实例研究[D]. 青岛：中国海洋大学, 2009.

[26] 尹德鹏. 青岛港油港区溢油污染影响及防治措施研究[D]. 青岛：中国海洋大学, 2014.

[27] 朱世云, 林春绵, 何志桥, 李亚红. 环境影响评价[M]. 北京：化学工业出版社, 2019.

[28] 中华人民共和国农业部. 建设项目对海洋生物资源影响评价技术规程（SC/T 9110—2007）.

[29] 中华人民共和国交通运输部. 港口建设项目环境影响评价规范（JTS 105-1—2011）[S]. 北京：人民交通出版社, 2011.

[30] 中华人民共和国交通运输部. 水运工程环境保护设计规范（JTS 149—2018）[S]. 北京：人民交通出版社, 2018.

[31] 中华人民共和国交通运输部. 港口码头溢油应急设备配备要求（JT/T 451—2009）[S]. 北京：人民交通出版社, 2009.

[32] 中华人民共和国交通运输部. 水运工程水文观测规范(JTS 132—2015) [S]. 北京:人民交通出版社,2015.

[33] 中华人民共和国国家质量监督检验检疫总局,中国国家标准化管理委员会. 海洋工程环境影响评价技术导则(GB/T 19485—2014)[S]. 北京:中国标准出版社,2014.

[34] 中华人民共和国国家质量监督检验检疫总局,中国国家标准化管理委员会. 一般工业固体废物贮存、处置场污染控制标准(GB/T 18599—2001) [S]. 北京:中国标准出版社,2001.

[35] 中华人民共和国国家质量监督检验检疫总局,中国国家标准化管理委员会. 海洋调查规范 第 1 部分:总则(GB/T 12763.1—2007)[S]. 北京:中国标准出版社,2007.

[36] 中华人民共和国国家质量监督检验检疫总局,中国国家标准化管理委员会. 海洋调查规范 第 2 部分:海洋水文观测(GB/T 12763.2—2007)[S]. 北京:中国标准出版社,2007.

[37] 中华人民共和国国家质量监督检验检疫总局,中国国家标准化管理委员会. 海洋调查规范 第 3 部分:海洋气象观测(GB/T 12763.3—2007)[S]. 北京:中国标准出版社,2007.

[38] 中华人民共和国国家质量监督检验检疫总局,中国国家标准化管理委员会. 海洋调查规范 第 4 部分:海水化学要素调查(GB/T 12763.4—2007) [S]. 北京:中国标准出版社,2007.

[39] 中华人民共和国国家质量监督检验检疫总局,中国国家标准化管理委员会. 海洋调查规范 第 5 部分:海洋声、光要素调查(GB/T 12763.5—2007) [S]. 北京:中国标准出版社,2007.

[40] 中华人民共和国国家质量监督检验检疫总局,中国国家标准化管理委员会. 海洋调查规范 第 6 部分:海洋生物调查(GB/T 12763.6—2007)[S]. 北京:中国标准出版社,2007.

[41] 中华人民共和国国家质量监督检验检疫总局,中国国家标准化管理委员会. 海洋调查规范 第 7 部分:海洋调查资料交换(GB/T 12763.7—2007) [S]. 北京:中国标准出版社,2007.

[42] 中华人民共和国国家质量监督检验检疫总局,中国国家标准化管理委员会. 海洋调查规范 第 8 部分:海洋地质地球物理调查(GB/T 12763.8— 2007)[S]. 北京:中国标准出版社,2007.

[43] 中华人民共和国国家质量监督检验检疫总局,中国国家标准化管理委员

会. 海洋调查规范 第 9 部分:海洋生态调查指南(GB/T 12763.9—2007)[S]. 北京:中国标准出版社,2007.

[44] 中华人民共和国国家质量监督检验检疫总局,中国国家标准化管理委员会. 海洋调查规范 第 10 部分:海底地形地貌调查(GB/T 12763.10—2007)[S]. 北京:中国标准出版社,2007.

[45] 中华人民共和国国家质量监督检验检疫总局,中国国家标准化管理委员会. 海洋调查规范 第 11 部分:海洋工程地质调查(GB/T 12763.11—2007)[S]. 北京:中国标准出版社,2007.

[46] 中华人民共和国国家质量监督检验检疫总局,中国国家标准化管理委员会. 海洋监测规范 第 1 部分:总则(GB 17378.1—2007)[S]. 北京:中国标准出版社,2007.

[47] 中华人民共和国国家质量监督检验检疫总局,中国国家标准化管理委员会. 海洋监测规范 第 2 部分:数据处理与分析质量控制(GB 17378.2—2007)[S]. 北京:中国标准出版社,2007.

[48] 中华人民共和国国家质量监督检验检疫总局,中国国家标准化管理委员会. 海洋监测规范 第 3 部分:样品采集、贮存与运输(GB 17378.3—2007)[S]. 北京:中国标准出版社,2007.

[49] 中华人民共和国国家质量监督检验检疫总局,中国国家标准化管理委员会. 海洋监测规范 第 4 部分:海水分析(GB 17378.4—2007)[S]. 北京:中国标准出版社,2007.

[50] 中华人民共和国国家质量监督检验检疫总局,中国国家标准化管理委员会. 海洋监测规范 第 5 部分:沉积物分析(GB 17378.5—2007)[S]. 北京:中国标准出版社,2007.

[51] 中华人民共和国国家质量监督检验检疫总局,中国国家标准化管理委员会. 海洋监测规范 第 6 部分:生物体分析(GB 17378.6—2007)[S]. 北京:中国标准出版社,2007.

[52] 中华人民共和国国家质量监督检验检疫总局,中国国家标准化管理委员会. 海洋监测规范 第 7 部分:近海污染生态调查与生物监测(GB 17378.7—2007)[S]. 北京:中国标准出版社,2007.